U0571864

生物产品分离纯化技术

主　编　韩　岚　张俊霞
参　编　刘仲夏　王利俊　刘东疆
　　　　韩利文　吴越洋
主　审　冯永淼

北京理工大学出版社
BEIJING INSTITUTE OF TECHNOLOGY PRESS

内容提要

本书主要包括 2 个模块：模块 1 为生物产品分离纯化技术概述，采用项目化教学的体例编写，将分离纯化技术分为 11 个工作任务，每个任务设置情景描述、学习目标、任务导学、知识链接、任务实施、案例分析和巩固练习多个栏目，对于复杂的技术原理还添加了动画资源；模块 2 采用工作手册式体例编写，以紫薯花青素的分离纯化工艺为典型实训案例，分为紫薯原料粉碎与预处理、紫薯花青素的固液萃取分离等 6 个项目，每个项目设置了学习情景描述、学习目标、工作任务书、项目评价等栏目，并且都配套有操作视频，在实践操作中培养学生良好的职业道德、大国工匠精神和爱国主义精神。

本书可作为高等院校药品生物技术、药品生产技术、食品生物技术、化工生物技术类教材，也可作为生物相关行业的职业技能培训和企业技术员工专业知识培训的参考书。

版权专有　侵权必究

图书在版编目（CIP）数据

生物产品分离纯化技术 / 韩岚，张俊霞主编 . -- 北京：北京理工大学出版社，2024.7

ISBN 978-7-5763-3236-0

Ⅰ . ①生… 　Ⅱ . ①韩… ②张… 　Ⅲ . ①生物制品－分离法（化学）－高等学校－教材 ②生物制品－化学成分－提纯－高等学校－教材 　Ⅳ . ① TQ464

中国国家版本馆 CIP 数据核字（2023）第 244409 号

责任编辑：江　立		文案编辑：江　立	
责任校对：周瑞红		责任印制：王美丽	

出版发行 / 北京理工大学出版社有限责任公司

社　　址 / 北京市丰台区四合庄路 6 号

邮　　编 / 100070

电　　话 /（010）68914026（教材售后服务热线）

　　　　　　（010）68944437（课件资源服务热线）

网　　址 / http：//www.bitpress.com.cn

版 印 次 / 2024 年 7 月第 1 版第 1 次印刷

印　　刷 / 河北鑫彩博图印刷有限公司

开　　本 / 787 mm × 1092 mm　1/16

印　　张 / 12

字　　数 / 261 千字

定　　价 / 85.00 元

图书出现印装质量问题，请拨打售后服务热线，负责调换

前言

党的二十大报告提出"推进职普融通、产教融合、科教融汇，优化职业教育类型定位"，并把大国工匠、高技能人才纳入国家人才发展战略，这表明新时代职业教育的前景更加光明。立足新时代、面向未来，要找准职业院校支撑中国式现代化和人的全面发展的着力点，优化职业教育的类型定位，不断拓展有中国特色的现代化的职业教育发展道路。

为深入学习贯彻党的二十大精神，本书是以"产教融合"为突破口，围绕"生物产品分离纯化技术"这一生物产品下游过程的核心操作，与生物行业企业合作开发，以典型工作任务为引领，注重学生综合职业能力发展的生物产品分离纯化技术课程。

本书理论精练，实操案例丰富，适合高等院校学生学习。在编写过程中，既立足于生物产品分离纯化技术的理论和技术应用，又遵循"知识传授与价值引领"相结合的原则，促使学生具有坚定的理想信念和正确的政治方向，具备扎实的专业理论知识和操作技能，以及分析问题和解决问题的能力，成为践行社会主义核心价值观的生物学人才。

本书涵盖生物产品分离纯化的 4 个步骤和基本单元操作，在保证教材理论"必需、够用"的基础上，突出技术的广泛性和实用性。全书共分为两个模块，采用项目化教学的体例编写，以任务为驱动展开教学。模块 1 为生物产品分离纯化技术概述，包括不溶物的去除、产物提取与粗分离、产物纯化及产品精制 4 个项目，包含过滤技术、离心技术、细胞破碎、萃取技术、吸附与离子交换技术、沉淀技术、膜分离技术、色谱分离技术、浓缩技术、结晶技术和干燥技术 11 个任务。模块 2 以紫薯花青素的分离纯化工艺为典型实训案例，采用工作手册式体例编写，使学生在具体的实训中巩固分离纯化技术的理论知识。

本书可供高等院校药品生物技术、药品生产技术、食品生物技术、化工生物技术类学生使用，也可作为生物相关行业的职业技能培训和企业技术员工专业知识培训的参考书。

本书编写人员有呼和浩特职业学院韩岚、张俊霞、刘仲夏、冯永淼、刘东疆、韩利文和吴越洋，以及内蒙古薯元康生物科技有限公司王利俊。

本书编写过程中，广泛参考了国内外许多相关的教材和文献资料，并得到了相关企业的指导，在此致以深深的谢意。特别感谢呼和浩特职业学院冯永淼教授对本书典型实训案例——紫薯花青素的分离纯化工艺做出的突出贡献。

由于编者水平有限，书中疏漏之处在所难免，恳请广大读者给予批评指正。

编　者

目 录

模块1 生物产品分离纯化技术概述 ·······················1

项目1 不溶物的去除 ·······························7

项目2 产物提取与粗分离 ·························40

项目3 产物纯化 ·································84

项目4 产品精制 ·································105

模块2 实训案例——紫薯花青素的分离纯化工艺 ·····················131

项目1 紫薯原料粉碎与预处理 ·····················136

项目2 紫薯花青素的固液萃取分离 ·················143

项目3 紫薯花青素的三级过滤分离 ·················150

项目4 紫薯花青素的吸附层析纯化 ·················158

项目5 紫薯花青素的真空减压浓缩 ·················165

项目6 紫薯花青素的真空冷冻干燥 ·················170

附录 ···174

附录1 公用工程系统使用说明 ·····················174

附录2 设备安装及维护保养 ···176

附录3 提取纯化工艺在线检测（一）——残留淀粉快速测定方法 ·········178

附录4 提取纯化工艺在线检测（二）——花青素色价测定方法 ·········179

附录5 提取纯化工艺在线操作规程（三）——提取工艺流程图 ·········180

附录6 马铃薯加工（淀粉工业）废水排放国家标准 ·········181

参考文献 ···183

模块1　生物产品分离纯化技术概述

项目1　不溶物的去除

项目2　产物提取与粗分离

项目3　产物纯化

项目4　产品精制

引言

生物产品最早可追溯到直接从植物、动物、微生物中提取的各种营养成分或次生代谢物，如多糖、维生素、植物色素和芳香精油等。随着生物技术的发展，利用微生物发酵技术、动植物细胞培养技术及酶反应技术制得了传统生物产品，如有机酸、氨基酸、酶、抗生素等。到 20 世纪 80 年代，依托重组 DNA 技术生产出了现代生物产品，如多肽、蛋白质、胰岛素、疫苗和抗体等。人们在生产实践中发现，无论是哪种生物产品，最初都存在于混合物中，通常需要应用各种相似的分离纯化方法处理，才能获得具有使用价值的一种或几种纯的产品。

1. 生物产品分离纯化技术的地位和作用

生物产品分离纯化技术在整个生物产品生产中又称为下游加工技术，是根据目标产物的生物特殊性而采取的一系列单元操作的方法和技术。在生物产品生产企业中，分离过程的装备和能量消耗占主要地位。例如，在化学药品生产中，分离过程中的投资占总投资的 $50\% \sim 90\%$，各种生物制品分离与纯化的费用占整个生产费用的 $80\% \sim 90\%$。化学合成药物分离成本是反应成本的 $2 \sim 3$ 倍，抗生素类药物的分离与纯化费用是发酵部分的 $3 \sim 4$ 倍，可见生物产品分离纯化技术直接影响产品的成本，制约着生物产品工业化的进程。

2. 生物产品分离纯化的一般工艺流程

(1) 生物材料的来源及选择。生物产品的种类繁多，如氨基酸及其衍生物、蛋白质、酶、核酸、多糖、脂类等，主要源于天然的生物体及器官组织，以及利用现代生物技术改造的生物体等，归纳起来主要有以下几种。

1) 植物器官及组织。植物器官及组织中含有很多的活性成分，我国药用植物的种类繁多，从天然植物材料中寻找和提取有效生物药物已逐渐引起重视，品种逐年增加。此外，转基因植物可大量产生以传统方式难以获得的生物产品。

2) 动物器官及组织。以动物器官及组织为原料，可制备多种生物产品，从海洋生物的器官和组织中获取生物活性物质是研究的热点和重要的发展趋势。

3) 血液分泌物及其他代谢物。人和动物的血液、尿液、乳汁及胆汁、蛇毒等其他分泌物与代谢产物也是生物产品的重要来源。

4) 微生物及其代谢产物。微生物的种类繁多，其代谢产物有 1 300 多种，应用前景广阔。以微生物为资源，不仅可生产初级代谢产物，如氨基酸，除维生素外，还可生产许多次级代谢产物，如抗生素等。

5) 动植物细胞培养产物。细胞培养技术的发展使从动物细胞、植物细胞中获得有较高应用价值的生物产品成为可能，且发展迅速，前景广阔。

（2）生物产品分离纯化过程。生物产品的分离纯化的研究对象是多组分、低浓度的生物材料，发酵、食品、轻工、医药、环保等各类工艺过程的单元操作，都以分离单元操作为主线构建其理论体系。大多数不溶物的去除生物产品分离纯化过程分为以下 4 个步骤（图 1-1-1）。

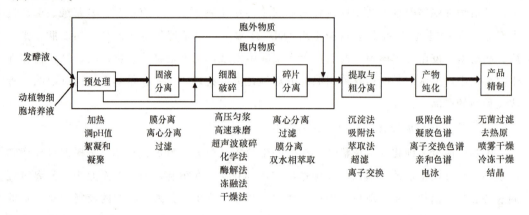

图 1-1-1　生物产品分离纯化一般工艺流程

1）不溶物的去除。该阶段的目的是去除生物（反应）体系中的不溶物，如培养基残渣、细胞碎片等，以利于后续的分离和精制。过滤和离心操作是该阶段常用的单元技术。同时，为方便细胞内产物的提取，需要破碎细胞，该阶段还可以起到一定的产品浓缩及质量改进的作用。

2）产物提取与粗分离。该阶段的目的是去除体系中的大部分杂质，同时提高目标产物的浓度。由于生物体系中可溶性组分复杂，难以通过简单的一步操作获得高的分离效率和选择性，通过该步骤可以在分离初期尽可能去除主要的杂质和干扰物。萃取、吸附和离子交换等操作是该阶段常用的单元技术，且对其处理能力和分离速度有较高的要求。

3）产物纯化。该阶段要求在保证产物回收率的前提下，尽可能地提高产品纯度。该阶段中所采用的单元技术需要去除与目标产物化学性质相近的杂质，处理技术要求有高度的选择性，通常利用色谱法。

4）产品精制。该阶段的主要目的是在进一步提高产物纯度的同时，形成最终的产品形态。该阶段经常采用的单元技术为色谱分离、浓缩、干燥和结晶技术。

以上 4 个步骤的合理组织需要视产品的浓度与纯度在分离过程中的变化而定。产品浓度的增加主要在杂质分离阶段，而纯度的增加在纯化阶段。

（3）生物产品分离纯化技术的发展前景。生物产品分离纯化技术的发展已经有几百年的历史了，最早的分离技术有蒸馏、过滤等原始方法。早在 16 世纪，人们就发明了用水蒸气蒸馏从鲜花与香草中提取天然香料的方法；而从牛奶中提取奶酪的历史更早。近代生物产品分离技术是在欧洲工业革命以后逐渐发展形成的，最早的开发是由于发酵制酒精及有机酸分离提取的需要，从产物含量较高的发酵液制备成品；到20世纪40年代初，大规模深层发酵生产抗生素，反应粗产物的纯度较低，而最终产品要求的纯度极高。近年来，发展的新型生物技术包括利用基因工程菌生产人造胰岛素、人用及动物用疫苗等产品，某些粗产物的含量极低，而对分离所得最终产物的要求更高了。因而，生物产品分离纯化技术与装备的发展日趋复杂与完善。

随着新材料的开发及加工、制造手段的提高，传统生物产品分离纯化技术的分离与纯化性能得到不断提高和完善。例如，成功研制的各种新型高效过滤设备和萃取设备，大大提高了产品的收率和生产效率；由于色谱柱的机械强度大幅度提高、高压输送装备不断完善，色谱技术也正从仅用于分析检验逐渐发展成为分离技术，使分离效率得到极大的提高。

各种分离纯化技术的相互结合、相互交叉、相互渗透，显示出良好的分离性能和发展前景。例如，吸附色谱、离子交换色谱将传统的吸附技术、离子交换技术与色谱分离的操作方法有机结合，使吸附技术和离子交换技术得到了跨越式的发展。再如，将亲和技术与其他分离技术结合，形成亲和过滤、亲和层析、亲和电泳等新型分离技术，这些融合的分离与纯化技术具有较高的选择性和分离效率，是分离与纯化技术发展的主要方向。

对于新型分离纯化技术的开发，多数是从生产实践中总结发展而得出的。依据溶液萃取原理，从形成两相的方法上和容积的特性上考虑，已开发出双水相萃取、超临界流体萃取、反胶团萃取等新的分离技术。在工业生产中，双水相萃取已广泛应用于分离酶、蛋白质等生物活性物质；超临界流体萃取在天然物质有效成分的提取方面的应用已经实现工业化；反胶团萃取分离技术在溶菌酶、细胞色素C等药物生产中得到应用。

随着科学技术的不断发展进步，生物产品分离纯化技术也必将得到迅速发展，无论是新型分离纯化方法的开发，还是传统分离纯化方法的耦合与发展，都会遇到新问题和新要求。人们将不断推动分离与纯化机理的研究，促进材料制造技术的提高，从而使生物产品分离纯化技术有更广阔的发展空间。

生物产品分离纯化技术

课程导学

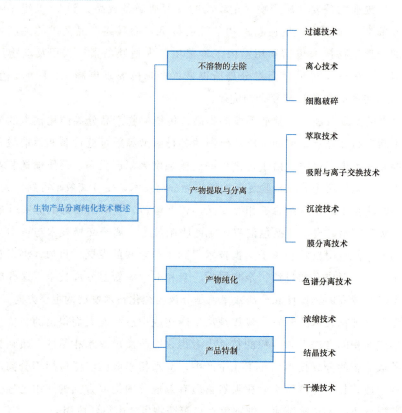

生物产品分离纯化技术概述
- 不溶物的去除
  - 过滤技术
  - 离心技术
  - 细胞破碎
- 产物提取与分离
  - 萃取技术
  - 吸附与离子交换技术
  - 沉淀技术
  - 膜分离技术
- 产物纯化
  - 色谱分离技术
- 产品特制
  - 浓缩技术
  - 结晶技术
  - 干燥技术

项目1 不溶物的去除

在生物产品生产过程中,绝大多数的发酵液或细胞培养液或多或少地含有固体悬浮物,如微生物菌体、动植物细胞、固体培养基残渣或代谢产物中的不溶性物质。根据目的产物存在的位置不同,生物产品生产往往要先进行固液分离的操作,常用的方法为过滤和离心分离,据此可得到上清液和固体悬浮物(滤渣)两部分。若目的产物存在于细胞内,还需要经过细胞破碎操作,再通过固液分离,才能进行产物进一步的提取分离。

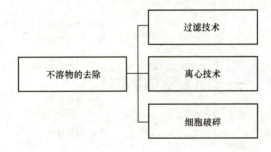

任务 1　过滤技术

▌情景描述

过滤是常用的固液分离单元操作,其原理是以多孔性物质作为过滤介质,在外力(重力、真空度、压力或离心力等)作用下,流体及小颗粒固体通过介质孔道,而大固体颗粒被截留,从而实现流体与固相颗粒分离。流体既可以是液体,也可以是气体。因此,过滤分离既可以分离连续相为液体的非均相混合物,也可以分离连续相为气体的非均相混合物。

▌学习目标

知识目标:

1. 了解发酵液预处理的目的;
2. 掌握发酵液预处理的方法;
3. 熟悉影响过滤速度的因素;
4. 掌握常用的过滤方法、过滤介质和过滤设备。

能力目标：

1. 能够进行发酵液预处理的操作；

2. 能够合理选择过滤介质和过滤方法；

3. 能够使用常用的过滤设备进行过滤操作。

素质目标：

1. 具备吃苦耐劳、爱岗敬业、乐于奉献的职业素养；

2. 具备团结协作、互帮互助的品质；

3. 树立安全意识、质量意识和担当意识。

任务导学

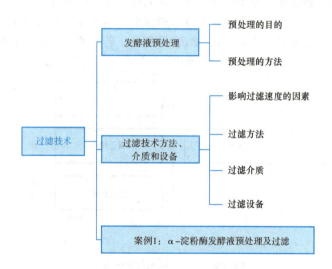

知识链接

1.1 发酵液预处理

发酵液和生物溶液是高黏度的非牛顿型流体，所以，直接过滤速率十分缓慢，甚至无法进行。因此，过滤前需要对发酵液进行预处理。

1.1.1 预处理的目的

(1)改变发酵液的物理性质，以利于固液分离；

(2)尽量除去发酵液的杂质，尤其是高价无机离子和杂蛋白，以利于后续操作的顺利进行。

1.1.2 预处理的方法

常用的预处理方法有加热、絮凝、加助滤剂等，这些方法也适用于离心和沉降过程。

（1）加热。加热是最简单、最经济的预处理方法。加热能降低液体黏度，提高过滤速率。加热变性的方法只适用于对热较稳定的生物产品，因此，加热的温度和时间须严加选择。

（2）调节 pH 值。溶液的 pH 值可影响发酵液中某些物质如杂蛋白的电离情况，因此，调节 pH 值至杂蛋白的等电点附近，可使其发生凝聚而沉淀，方便除去。

（3）凝聚和絮凝。

1）凝聚。凝聚是指在中性盐的作用下，由于双电层排斥电位的降低而使胶体体系不稳定的现象。

2）絮凝。絮凝是指在某些高分子絮凝剂存在的条件下，基于架桥作用，使胶粒形成粗大的絮凝团的过程，是一种以物理的集合为主的过程。

凝聚和絮凝技术能有效地改变细胞、菌体和蛋白质等胶体粒子的分散状态，使其聚集起来，增大体积，以便于过滤。常用于菌体细小且黏度大的发酵液的预处理。

（4）助滤剂。助滤剂是一种具有特殊性能的细粉或纤维，它能使某些难以过滤的物料变得容易过滤。助滤剂的使用方法是在过滤前先在过滤介质表面预涂一层助滤剂，在料液中也添加一些助滤剂使操作能稳定进行。

硅藻土和珍珠岩是两种最常用的助滤剂。硅藻土是几百年前的水生植物沉淀下来的遗骸；珍珠岩是处理过的膨胀火山岩。硅藻土在酸碱条件下稳定，由于其颗粒形状极不规则，所形成的滤饼空隙率大，具有不可压缩性，因而既是优良的过滤介质，也是优良的助滤剂。常见的助滤剂性能见表 1-1-1。

表 1-1-1　各种助滤剂的性能

助滤剂 （主要成分）	特点	粗金属网上的堆积密度	干燥滤块的容积密度/(g·cm⁻³)	室温时的溶解度	
				酸性液	碱性液
硅藻土 （二氧化硅）	一般用于要求最高澄清度的情况，用于粗金属网滤材的被覆	良好	0.26～0.35	微溶于弱酸	微溶于弱碱
珍珠岩 （玻璃片状硅酸盐）	最适于旋转真空过滤，也适于加压过滤、真空过滤	中等程度	0.19～0.29	微溶于弱酸	微溶于弱碱
混合助滤剂（硅藻土或珍珠岩与石棉）	用于粗金属网滤材的被覆	优良	0.22～0.32	微溶于弱酸	微溶于弱碱
纤维素	用于粗金属网滤材的被覆，改善另一助滤剂的被覆层性质，吸附除去冷凝液中的油分	优良	0.14～0.32	不溶于弱酸	微溶于弱碱与强碱
活性炭	特别用于苛性碱溶液的过滤，需要助滤剂，化学稳定性很高	中等程度	0.24～0.32	不溶于弱酸	弱碱、强碱中都不溶

(5)高价无机离子的去除。高价无机离子如果不去除，在后续采用离子交换法分离纯化时，会影响树脂的交换容量。根据不同的离子，采用针对性的方法：

1)Ca^{2+}：宜加入草酸。草酸溶解度小、用量大时，可用其盐，如草酸钠；草酸钙能促使蛋白质凝固，提高滤液质量。

2)Mg^{2+}：加入三聚磷酸钠，它与镁离子形成可溶性络合物，用磷酸盐处理，也能大大降低钙离子和镁离子的浓度。

3)Fe^{3+}：可加入黄血盐，使其形成普鲁士蓝沉淀。

(6)杂蛋白去除。杂蛋白会影响后续的提取分离操作，如萃取时，溶液易发生乳化；离子交换法和大孔树脂吸附法提纯时，会降低吸附能力；过滤或膜分离时，会使滤速下降，膜受到污染。杂蛋白的去除可采用的方法如下：

1)等电点法：蛋白质等电点多为 pH＝4.0～5.5，此时溶解度最小。但仅靠等电点法不能将大部分蛋白质除去。在酸性溶液中，蛋白质能与一些阴离子(如三氯乙酸盐、水杨酸盐、钨酸盐、苦味酸盐、鞣酸盐、过氯酸盐等)形成沉淀；在碱性溶液中，蛋白质能与一些阳离子，如 Ag^+、Cu^{2+}、Zn^{2+}、Fe^{3+} 和 Pb^{2+} 等形成沉淀。

2)热变性法：变性蛋白质溶解度较小。最常用的方法是加热。加热还能使液体黏度降低，过滤速度提高。但加热处理常对原液质量有影响，特别是会使色素增多。热变性法只适用于热稳定的物质。

使蛋白质变性的其他方法还有大幅度改变 pH 值，加酒精、丙酮等有机溶剂或表面活性剂及吸附作用等。

■任务实施

1. 发酵液或细胞培养液的主要成分有哪些？

2. 为什么要对发酵液进行预处理?

3. 常用的发酵液预处理的方法有哪些?

1.2　过滤方法、介质和设备

经过预处理的发酵液和细胞培养液黏度下降,可以采用不同的方法和设备进行固液分离,得到澄清的发酵液或含有目标产物的菌体和细胞,为下一步分离纯化做好准备。常用的单元操作方法就是过滤分离和离心分离。对于发酵液中体积较小的细菌和酵母菌体一般采用离心分离法;而对于细胞体积较大的丝状菌(如霉菌和放线菌),一般采用过滤的方法。在过滤操作中,要求滤速快、滤液澄清,并且有较高的效率。

1.2.1　影响过滤速度的因素

1. 菌种

菌种对过滤速度影响很大。

(1)真菌:菌丝粗大,容易过滤,不需要特殊处理。滤渣呈紧密饼状物,易从滤布上刮下，可采用鼓式真空过滤机过滤。

（2）放线菌：菌丝细而分枝，交织成网络状，还含有很多多糖类物质，黏性强，质量比阻高，过滤困难，一般需经过预处理，以凝固蛋白质等胶体。

（3）细菌：菌体更小，过滤十分困难。如不用絮凝等方法预处理发酵液，往往难以采用常规过滤的设备来完成过滤操作。

2. 培养基

培养基组成对过滤速度影响也很大。黄豆粉、花生饼作为氮源会使过滤工艺变得困难。此外，发酵后期加消沫油或剩余大量未使用完的培养基都会使过滤困难。

3. 发酵时间

选择发酵终了时间对过滤影响很大。在菌丝自溶前必须放罐，因为细胞自溶后的分解产物很难过滤。有时延长发酵周期虽能使发酵单位有所提高，但严重影响发酵液的质量，使色素和胶状杂质增多、过滤困难，最终造成成品质量降低。

对于难过滤的发酵液，必须设法改善过滤性能、降低滤饼比阻值，以提高过滤速度。常用改善过滤性能的方法有加助滤剂使滤饼疏松，滤速增大；加入反应剂，通过相互作用生成沉淀；采用酶制剂分解黏性物质，提高过滤速度；对染菌后的发酵液综合采用升高温度、增加纯化剂用量、加助滤剂等，提高过滤速度。

1.2.2 过滤方法

过滤分离技术基于不同的分类依据可以进行不同的分类。

1. 按过滤过程的推动力

按过滤过程的推动力不同，过滤可分为重力过滤、加压过滤、真空过滤和离心过滤。

（1）重力过滤。重力过滤也称常压过滤，是利用混合液自身的重力作为过滤所需的推动力来实现固液两相物质分离的方法。实验室常用的滤纸过滤及生产中使用的吊篮或吊袋过滤都属于此类。重力过滤分离效率低，设备要求低，分离所需的能耗也低，但分离时间相对较长。

（2）加压过滤。加压过滤是以压力泵或压缩空气产生的压力为推动力实现固液两相分离的方法，是目前最常用的过滤方法。生产中常用的各式压滤机过滤均属于加压过滤。在加压过滤过程中采取适量添加合适的助滤剂、降低悬浮液黏度或适当提高温度等措施均有利于加快过滤速度和提高分离效果。

（3）真空过滤。真空过滤也称减压过滤，是在样品液的反向端抽真空形成负压差，从而实现固液两相物质分离的方法。通过加压可以增加过滤介质上下方之间的压力差，加速液体通过过滤介质，而将大颗粒固相物质截留。实验室常用的抽滤瓶和生产中使用的各种真空抽滤机均属于此类。真空过滤对分离室的密闭性要求高，分离成本也高，适用于一些放射性、腐蚀性和致病性较强的生物样品的固液两相分离。

（4）离心过滤。离心过滤是利用离心机旋转形成的离心力作为料液的推动力来实现固液两相物质分离的分离方法。离心机能产生强大的离心力，过滤速度快，过滤效率高，但离心过滤对仪器设备自动化要求高，而且设备结构复杂，购置成本高。

2. 按过滤过程中固体颗粒截留的机制

按过滤过程中固体颗粒截留的机制不同，过滤可分为绝对过滤、滤饼过滤和深层介质过滤。

(1)绝对过滤。绝对过滤也称膜过滤，绝对过滤的颗粒截留主要依靠筛分作用，大于膜孔径的固体颗粒被截留，而小颗粒和流体自由通过过滤介质(滤膜)。

(2)滤饼过滤。滤饼过滤的过滤介质常为多孔织物，其网孔尺寸未必一定小于被截留的颗粒的直径。在过滤操作初始阶段，会有部分颗粒进入过滤介质网孔中发生"架桥"现象，也有少量颗粒穿过介质而混入滤液，随着滤渣的逐步堆积，在介质上形成一个滤渣层，称为滤饼。不断增厚的滤饼才是真正有效的过滤介质，而穿过滤饼的液体变为澄清的滤液。滤饼过滤常用于分离固体含量大于 0.001 g/mL 的悬浮液。

(3)深层介质过滤。深层介质过滤也称深层过滤，是传统的固液分离方法。在过滤过程中，深层介质过滤是介质填充于过滤器内构成过滤层，截留颗粒尺寸小于介质孔道，介质孔道弯曲细长，由于滤液流过时所引起的挤压、冲撞和静电吸附作用，颗粒进入孔道后容易被截留，介质表面无滤饼形成，过滤是在介质内部进行的。深层介质过滤适用于固体含量少于 0.001 g/mL、颗粒直径为 5～100 μm 的悬浮液过滤，如麦芽汁、酒类等发酵液的过滤。

3. 按过滤时料液流动方向

按过滤时料液流动方向的不同，过滤可分为常规过滤和错流过滤。

(1)常规过滤。常规过滤时在分离过程中料液的流动方向与过滤介质呈垂直方向。通常，常规过滤适用于过滤直径为 10～100 μm 的悬浮粒子，如含霉菌和放线菌菌体的发酵液的固液两相分离。在过滤时，料液垂直穿过过滤饼或过滤介质的微孔。

(2)错流过滤。错流过滤时在分离过程中料液流动方向与过滤介质平行，常用的过滤介质为微孔滤膜或超滤膜，主要适用于悬浮粒子细小的发酵液，如细菌发酵液的过滤，但由于错流过滤的滤膜容易被污染，应经常清洗。

通过使悬浮液在过滤介质表面做切向流动，利用流动液体的剪切作用将过滤介质的固体(滤饼)移走，是一种维持恒压下高速过滤的技术。

4. 按过滤过程操作方式

按过滤过程操作方式不同，过滤可分为间歇式过滤和连续式过滤。

(1)间歇式过滤。间歇式过滤所需的设备结构简单且价格低，而且适用于在腐蚀性介质中操作，在较高压力下也能进行过滤。但由于间歇式过滤的操作是间歇性的，劳动强度大，而且清洗滤布相对比较困难。

(2)连续式过滤。连续式过滤的生产效率、劳动条件及操作方面都比间歇式过滤先进。

1.2.3 过滤介质

过滤介质除具有过滤作用外，还是滤饼的支撑物。为了提高发酵液的过滤速度，所选择的过滤介质应具有足够的机械强度和尽可能小的流动阻力。过滤介质的选择受很多因素的影响，其中，过滤介质所能截留的固体粒子的大小及对滤液的透过性是选择过滤介质时必须考虑的主要技术特性。过滤介质所能截留的固体粒子的大小通常以过滤介质的孔径表示。在常用的过滤介质中，纤维滤布所能截留的最小粒子为 $10~\mu m$，硅藻土为 $1~\mu m$，超滤膜可小于 $0.5~\mu m$。过滤介质的透过性是指在一定的压力差下，单位时间、单位面积通过滤液的体积量，它取决于过滤介质上毛细孔径的大小及数目。

工业上，常用的过滤介质按制造材料的不同主要有以下几类。

(1)织物介质。织物介质又称滤布，包括由棉、毛、丝、麻等织成的天然纤维滤布和合成纤维滤布，也包括天然毛毡和合成滤毡，这类滤布的应用最为广泛，其过滤性能受纤维的特性、编织纹法和线型等的影响。在进行织物介质选择时，对于天然纤维和合成纤维的滤布，应当结合过滤的要求，根据不同织物纤维的种类、编织纹法、线型的差别和不同纤维耐热磨的物理性能及耐酸碱的化学性能等进行挑选，天然毛毡和合成毛毡类织物介质由于无胶粘剂，微孔大小经过严格控制，可以迅速使滤饼与助滤剂间的滤层形成，主要用于过滤细粒和黏稠的胶状物悬浮液，比较适用于发酵液的过滤。

(2)粒状介质。粒状介质主要有硅藻土、珍珠岩粉、细砂、活性炭和白土等。最常用的是硅藻土。硅藻土过滤介质通常有以下 3 种用法。

1)作为深层过滤介质。形状不规则的粒子所形成的硅藻土过滤层具有曲折的毛细孔道，借筛分、吸附和深层效应作用除去悬浮液中的固体粒子，截留效果可达到 $1~\mu m$。

2)作为预涂层。在支持介质的表面上预先形成一层较薄的硅藻土预涂层，用以保护支持介质的毛细孔道不被滤饼层中的固体粒子堵塞。

3)作为助滤剂。在待过滤的悬浮液中加入适量的硅藻土，使形成的滤饼层具有多孔，支撑滤饼，降低滤饼的可压缩性，以提高过滤速度和延长过滤周期。

近年来，发展的各种硅藻土过滤经常将后两种方法结合起来操作，获得良好的效果。硅藻土的粒度对过滤速度的影响很大，主要表现为粒度小，滤液澄清度好，但过滤阻力大；粒度大，滤液澄清度差，过滤阻力小。在工业生产中，要根据不同的悬浮液性质和过滤要求，选择不同规格的硅藻土，通过试验确定适宜的配合比例，才能取得较好的效果。

(3)多孔固体介质。多孔固体介质主要包括多孔陶瓷、多孔玻璃、多孔塑料、金属陶瓷、泡沫金属、烧结树脂等。其可加工成板状或管状，孔隙很小且耐腐蚀，常用于过滤含有少量微粒的悬浮液。

1)多孔陶瓷、金属陶瓷和烧结树脂固体介质具有良好的再生能力，在每次过滤结束后用空气或清水反冲可使其再生。在发酵工业上，多孔陶瓷、金属陶瓷和烧结树脂固体介质主要用于发酵液的菌体过滤和半成品的过滤净化等。

2)多孔塑料与泡沫金属是一类新兴的过滤介质。商品形式包括聚酯类型的脲烷多孔塑料和镍、铜、镍铬合金类型的泡沫金属。这类固体介质在空间具有三维的网状结构，纤维只占总体积的3％左右，空隙率接近97％，其具有良好的透水、透气性能。在发酵工业中主要用于空气除菌、发酵液和菌体的过滤等。

3）微孔纤维素薄膜介质的种类主要有醋酸纤维素、聚碳酸酯纤维素等。在发酵工业中主要用于透析培养、酶反应器、酶及发酵产物的分离和提纯、空气除菌、菌种分离、微生物快速检验等方面。

4）金属薄膜介质是近几年发展起来的一种纤维型的过滤介质，以满足发酵、制药和食品工业无菌操作需求，其具有性能优异、可耐受高压蒸汽和火焰灭菌的优点。目前，其已广泛应用于抗生素、疫苗、胰岛素和酶等生化产品的发酵生产。

总之，在进行过滤介质选择时要针对特定发酵液进行合理选择。过滤介质要具备阻力小、滤液清、价格低、来源丰富、机械强度大、使用寿命长且耐化学腐蚀和排渣方便等优点。

1.2.4　过滤设备

1. 过滤设备的选择

过滤设备必须基于发酵液的性质进行科学、合理的选择，通常情况下需要考虑以下5个方面。

（1）被过滤液体的过滤特性。被过滤液体的过滤特性（含所形成滤饼的特性）是所选择设备能否顺利进行过滤操作的关键。根据滤饼形成的沉淀性和含量，被过滤液体可大致分为以下5类。

1）固形物含量大于20％。此类过滤液由于固形物含量较高，能在数秒内形成滤饼，厚度在50 mm以内，料液沉淀速度快。在普通转鼓过滤机的料液槽中用搅拌器不能使此类滤液保持良好的悬浮状态，在大规模生产中可采用内部结构式的真空转鼓过滤机进行固液的分离操作。

如果由于滤饼的多孔性不能保持在过滤顶上的料液，可以采用翻斗式或带式过滤机。水平式过滤机的洗涤效果要比转鼓式过滤机的洗涤效果好，小型生产可采用吸滤槽式过滤机，但采用离心过滤更为经济。

2）固形物含量为10％～20％。此类过滤液能在30 s内形成约50 mm厚的滤饼或至少能在1～2 min内形成13 mm以上的滤饼，其能在转鼓过滤机内被真空吸住并保持一定形状。大规模生产中普遍采用连续真空转鼓式过滤机，也可用水平翻盘式进行更好的洗涤。

3）固形物含量为1％～10％。此类过滤液在真空度为500 mmHg时5 min内能形成3 mm厚的滤饼。这种料液是采用连续式过滤机的极限情况。一般可采用单室式转鼓过滤机，对于有腐蚀或洗涤要求较严格的场合可采用间歇式真空叶片过滤槽过滤机（清洗时可将叶片外移），加压过滤时可采用板框压滤机。

4）固形物含量为0.1％～1％。此类过滤液难以连续排出滤饼的料液，在大生产中普遍采用预涂助滤剂的方法并采用间歇过滤设备。

5）固形物含量小于 0.1%。此类发酵液的黏度和颗粒大小与澄清程度有很大关系。

大多数发酵液属于 3）类和 4）类，部分属于 2）类。

（2）生产规模。为了节约劳动力，对大规模生产采用连续式较有利；对小规模生产则一般采用间歇式；对中等生产规模，为了提供进行大规模生产的数据，需要采用连续式操作进行试验。

（3）操作条件。处理有挥发性、爆炸性或有毒的物料，需要采用全密闭式过滤机（如气密式连续过滤机或间歇式过滤机）。此外，如在过滤时需保持一定的蒸气压或较高的温度，则不能采用真空过滤，只能采用加压过滤，也就是说，操作条件限制过滤机的选型。

（4）操作要求。滤饼的含水率、滤出液的澄清度和洗涤要求，以及滤饼的排出方法（如可以用水冲出或在干的状态下排出）等都会在一定程度上影响过滤机的选择。

（5）材料。对具有腐蚀性的料液，要求采用合适而价格较低的材料。通常，真空过滤机的耐腐蚀问题比加压过滤机更难处理，且加工制造复杂。另外，考虑材料的毒性及对生物物质的影响，在食品及医药工业中可以考虑使用聚丙烯或聚酯作为设备材料。

2. 过滤设备的类型

过滤设备从传统的板框过滤机到旋转式真空过滤设备，种类很多。重力过滤应用不多且设备简单，离心过滤在离心分离内容中叙述，这里主要介绍发酵工业中常用的几种加压、真空过滤设备。无论哪一类过滤设备，都有分批（间歇）操作式和连续操作式之分。两者在结构上有较大的差异。加压过滤设备由于结构复杂、操作繁杂、连续化较难，故较少使用；而真空过滤设备易于连续化，是一种常用的连续式过滤设备。

（1）板框压滤机。板框压滤机是一种传统的过滤设备，至今仍在多个领域广泛应用，发酵工业中以抗生素工厂使用得最多。与其他设备相比，板框压滤机具有对滤饼性能的适应性强、结构简单、装配紧凑、过滤面积大、动力消耗少、过滤质量好、洗涤方便等优点；缺点是设备笨重，间歇操作，装拆板框劳动强度大，生产效率低。

板框压滤机主要由许多滤板和滤框间隔排列组成。板框数一般为 10~60 块，多做成正方形，也有圆形的（大多用于小型设备），角端均开有小孔，装合压紧后构成供滤浆或洗涤水流通的孔道。框的两侧覆以滤布，空框与滤布围成了容纳滤浆及滤饼的空间，滤板两面制成沟槽，分别与洗涤水孔道和滤液出口相通。板框压滤机的结构如图 1-1-2 所示。

过滤时，悬浮液由离心泵或齿轮泵经滤浆通道打入框内，滤液穿过滤框两侧滤布，沿相邻滤板沟槽流至滤液出口，固体则被截留于框内形成滤饼。滤饼洗涤时，洗涤水经洗涤水通道进入滤板与滤布之间，最后由非洗涤板的下部滤液出口排出。洗涤结束后，松开板框，卸除滤饼并洗涤滤布以备下一次使用。板框压滤机的操作如图 1-1-3 所示。

板框压滤机的工作流程主要可分为压紧、进料、洗涤或风干、卸饼 4 个步骤。

1）压紧。板框压滤机事先对整机进行检查，包括滤布、电源是否正常，再按下启动按钮。这时油泵开始工作，然后活塞推动压紧板压紧，当滤室的压力达到设计点时，液压器就会自动暂停工作。在压力减小、不能满足正常工作时，液压系统会自动开启。

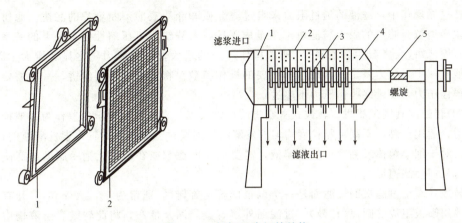

图 1-1-2　板框压滤机的结构

1—滤框；2—滤板；3—板框支架；4—可动端板；5—支撑横梁

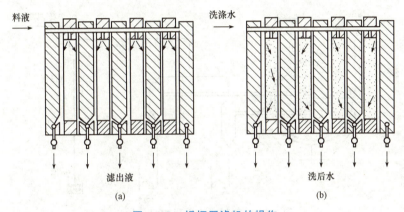

图 1-1-3　板框压滤机的操作

（a）过滤阶段；（b）洗涤阶段

2）进料。当板框压滤机压紧后，开始进行进料操作。开启进料泵，并缓慢开启进料阀门，进料压力逐渐升高至正常压力。这时观察板框压滤机出液情况和滤板之间的渗漏情况。过滤一段时间后板框压滤机出液孔出液量逐渐减少，这说明滤室内滤渣正在逐渐充满，当出液口不出液或只有很少量液体时，证明滤室内滤渣已经完全充满且形成滤饼。如需要对滤饼进行洗涤或风干操作，即可随后进行；如不需要洗涤或风干操作，即可进行卸饼操作。

3）洗涤或风干。板框过滤机滤饼充满后，关停进料泵和进料阀门。开启洗涤泵或空压机，缓慢开启进洗液阀门或进风阀门，对滤饼进行洗涤或风干。

4）卸饼。先关闭进料阀、进风道，然后板框压滤机推板就会缓慢地退回，减小对滤板的压力，甚至会随着活塞杆退回到适当额度位置，再一块一块地取出滤板，将滤饼从滤板卸下。在卸除过程中，注意对滤布的保护，防止滤渣夹在密封面上影响密封性能，产生渗漏现象。

在过滤操作中，滤液的透过阻力来自过滤介质和介质表面不断堆积的滤饼。滤饼的阻力占主导地位，滤饼的阻力与滤饼干质量成正比，与滤饼的可压缩性也有很大的关系。对于可压缩滤饼（大多数生物滤饼），随着操作压力的增大，滤饼阻力随之显著增大。因此，在过滤操作中，压力差是非常敏感和重要的操作参数。特别是可压缩滤饼，一般需要缓慢增大操作压力，使最终操作压力不超过 0.5 MPa。

（2）转鼓式真空过滤机。转鼓式真空过滤机以大气与真空之间的压力差作为过滤操作的推动力，适用于黏度不高、颗粒度均匀的发酵液的连续过滤操作，如青霉素发酵液的过滤。然而，对于细小菌体或黏度大的发酵液，需要加入助滤剂或在转鼓上铺一层助滤剂使滤饼疏松，从而使滤速提高。

转鼓式真空过滤机的过滤面是一个以很低转速旋转的（通常为 1～2 r/min）、开有许多小孔或用筛板组成的圆筒（转鼓），过滤面外覆有金属网及滤布，将此转鼓置于液槽中，转鼓内部抽真空，在滤布上即形成滤饼，滤液则经中间的管路和分配阀流出。转鼓式真空过滤机的结构如图 1-1-4 所示。

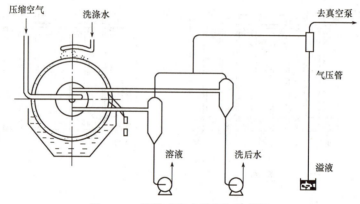

图 1-1-4　转鼓式真空过滤机的结构

整个工作是在转鼓旋转一周内完成的，根据过滤要求，转鼓旋转一周可以分为 3 个区，其工作示意图如图 1-1-5 所示。

1）过滤区：浸没在料液槽中的区域。这个区内的过滤室与真空管路连接，料液槽中悬浮液的液相部分透过过滤层进入过滤室，经分配阀流出机外进入储槽，而悬浮液中的固相部分被阻挡在滤布表面形成滤饼。为了防止悬浮液中固相的沉降，料液槽中设有摇摆式搅拌器。

2）洗涤吸干区：当转鼓从料液槽转出后，用洗涤液喷嘴将洗涤液均匀喷洒在滤饼层上，以透过滤饼置换其中的滤液，进一步降低滤饼中溶质的含量，再经过一段吸干段进行吸干。

3）卸渣及再生区：经过洗涤和脱水的滤饼，由压缩空气从转鼓内向外穿过滤布而将滤饼吹松，然后用刮刀将滤饼清除。再继续吹以压缩空气，除去堵塞在滤布孔隙中的细微颗粒，使滤布再生。

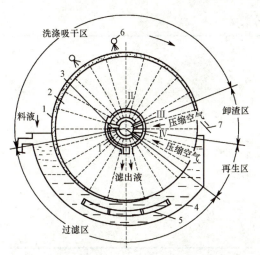

图 1-1-5　转鼓式真空过滤机结构及工作示意

1—转鼓；2—过滤室；3—分配阀；4—料液槽；5—摇摆式搅拌器；

6—洗涤液喷嘴；7—刮刀

▌任务实施

1. 固液分离技术有哪些？

2. 过滤技术的原理是什么？影响过滤操作速度的因素有哪些？

3. 过滤方法如何分类？

4. 过滤介质如何选择？

5. 常用的过滤设备是什么？

案 例 分 析

案例1　α-淀粉酶发酵液预处理及过滤

一、试验原理

发酵液中含有大量的菌体、细胞碎片及残余的固体培养基成分。借助过滤介质，在一定压力差的作用下，将悬浮在发酵液中的固体与液体分离。

二、原料与设备

α-淀粉酶发酵液、2%$CaCl_2$溶液、0.8%Na_2HPO_4溶液、硅藻土、40%硫酸铵溶液、盐酸、95%乙醇、板框压滤机、恒温水浴箱、量筒、烧杯、微滤膜等。

三、试验步骤

(1)制备待过滤的α-淀粉酶发酵液。

(2)直接在α-淀粉酶发酵液中加入2%$CaCl_2$与0.8%Na_2HPO_4进行絮凝作用。

(3)在恒温水浴箱中加热至50～55 ℃并维持30 min进行热处理，以破坏产生的蛋白酶，促使胶体凝集而易于过滤。

(4)在热处理后冷却到35 ℃的发酵液中加入硅藻土(助滤剂)过滤。

(5)集中在过滤介质上的滤饼分离后，收集滤液，测量其体积，并测定酶活力。

(6)滤饼加2.5倍水洗涤，将洗涤水和滤液合并，于45 ℃真空浓缩数倍，加40%硫酸铵溶液进行盐析。

(7)盐析时蛋白质沉淀析出后，静置10 h。

(8)送入板框压滤机进行压滤，取滤饼进行烘干即得成品。

四、试验结果

$$酶的总活力(即酶产量)＝酶液总体积×酶的比活力$$

 巩 固 练 习

一、名词解释

预处理

絮凝

凝聚

过滤技术

二、简答题

1.降低发酵液黏度的方法有哪些？

2.去除杂蛋白的方法有哪些？

3. 过滤的基本原理是什么？

4. 过滤的影响因素有哪些？

任务 2　离心技术

■情景描述

离心分离是基于固体颗粒和周围液体密度存在差异，在离心场中使不同密度的固体颗粒加速沉降的分离过程。当静置悬浮液时，密度较大的固体颗粒在重力作用下逐渐下沉，这一过程称为沉降。当颗粒较细、溶液黏度较大时，沉降速率缓慢，若采用离心技术，则可加速颗粒沉降过程，缩短沉降时间。

■学习目标

知识目标：

1. 了解离心分离的目的；

2. 熟悉离心机的工作原理、分类及其基本结构；

3. 掌握离心机的正确使用方法；

4. 掌握常用的离心方法。

能力目标：

1. 能够合理选择适当的离心机、离心方法和离心条件；

2. 能够使用常用的离心设备进行分离操作。

素质目标：

1. 具备爱岗敬业、踏实肯干、严谨细致的职业素养；

2. 具备较好的分析和化解实际问题的能力；

3. 具备分析、计划、实行和监控工作任务的能力，具备自我保护及安全意识。

■任务导学

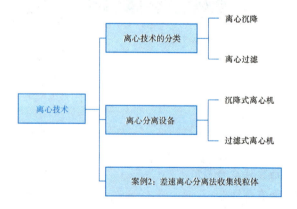

知识链接

生物分离的第一步往往是把不溶性的固体从发酵液中除去，可采用沉降或过滤的方式加以分离，有些则需要经过加热、凝聚、絮凝及添加助滤剂等辅助操作才能进行过滤。但对于那些固体颗粒小、溶液黏度大的发酵液和细胞培养液或生物材料的大分子抽提液及其过滤难以实现固液分离的，必须采用离心技术方能达到分离的目的。

因离心产生的固体浓缩物和过滤产生的浓缩物不相同，通常情况下离心只能得到一种较为浓缩的悬浮液或浆体，而过滤可获得水分含量较低的滤饼。与过滤设备相比，离心设备的价格高；但当固体颗粒细小而难以过滤时，离心操作往往十分有效，是生物物质固－液分离的重要手段之一。

2.1 离心技术的分类

离心技术利用离心沉降力将悬浮液中固液相分离，可分为离心沉降和离心过滤两大类。

2.1.1 离心沉降

离心沉降是利用固－液两相的相对密度差，在离心机无孔转鼓或转子中进行悬浮液的分离操作，是使用最广泛的非均相分离手段，不仅适用于菌体和细胞的分离回收，而且适用于血球、细胞器、病毒及蛋白质的分离，也广泛应用于液－液分离。

（1）一般离心分离。在离心分离时，要根据欲分离物质及杂质的颗粒大小、密度和特性的不同，选择适当的离心机、离心方法和离心条件（表1-1-2）。

表1-1-2　离心分离的类型和用途

离心类型	转速/(r·min⁻¹)	用途
常速离心（低速离心）	<8 000	用于细胞、细胞碎片和培养基残渣等固形物的分离，也用于酶的结晶等较大颗粒的分离
高速离心	10 000～25 000	用于细菌细胞、细胞碎片和细胞器的分离
超速离心	25 000～120 000	用于DNA、RNA、蛋白质等生物大分子及细胞器、病毒等的分离纯化

对于高速离心和超速离心，为了防止离心速度过快造成的温度升高而使热敏性生物产品变性失活，在离心机上往往装设有冷冻系统和温度控制系统。为了减少空气阻力和摩擦，在超速离心机上还设置真空系统。

如果希望从混合溶液中分离出两种以上大小和密度不同的颗粒，需要采用差速离心、区带离心等方法。

（2）差速离心。差速离心是指采用不同的离心速度和离心时间，使不同沉降速度的颗粒

生物产品分离纯化技术

分批分离的方法。操作时，将均匀的悬浮液装进离心管，选择好离心速度（离心力）和离心时间，使大颗粒沉降；分离出大颗粒沉淀后，再将上清液在加大离心力的条件下进行离心，分离出较小的颗粒；如此离心多次，使不同沉降速度的颗粒分批分离出来。图1-1-5所示为利用差速离心法分离细胞破碎液各组分的具体操作。

差速离心主要用于分离那些大小和密度相差较大的颗粒，操作简单、方便，但分离效果较差，分离的沉淀物中含有较多的杂质，离心后颗粒沉降在离心管底部，并使沉降的颗粒受到挤压。

（3）区带离心。区带离心也称为密度梯度离心，是待分离混合物在密度梯度介质中进行离心，使沉降系数比较接近的物质分离的一种方法，如图1-1-6所示。

根据离心操作条件不同，区带离心又可分为差速区带离心和平衡区带离心。两种区带离心法都需要提前在密度梯度混合器中配制好密度梯度介质。

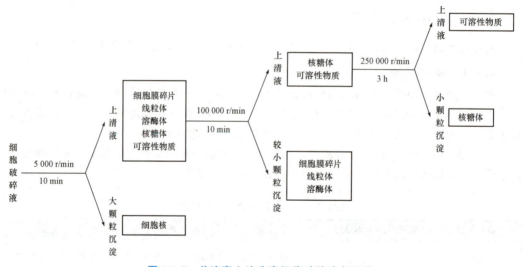

图1-1-5　差速离心法分离细胞破碎液各组分

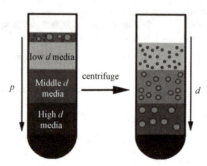

图1-1-6　区带离心法

Low *d* media—低密度介质；Middle *d* media—中密度介质；High *d* media—高密度介质；

centrifuge—离心；Gauss 分布—高斯分布（正态分布）

密度梯度混合器由储液室、混合室、电磁搅拌器和阀门等组成(图 1-1-7)。配制时，将某种低分子溶质(如蔗糖、甘油、氯化铯溶液等)的稀溶液置于储液室 B，浓溶液置于混合室 A，两室的液面必须在同一水平。操作时，首先开动电磁搅拌器，然后同时打开阀门 a 和 b，流出的梯度液经过导管小心地收集在离心管中。也可以将浓溶液置于 B 室，稀溶液置于 A 室，但此时梯度液的导液管必须直插到离心管的管底，使后来流入的浓度较高的混合液将先流入的浓度较低的混合液顶浮起来，形成由管口到管底逐步升高的密度梯度。在密度梯度上加入待处理的料液后进行离心操作。

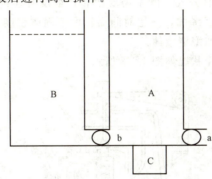

图 1-1-7　密度梯度混合器示意

A—混合室；B—储液室；C—电磁搅拌器；a、b—阀门

　　差速区带离心的密度梯度中的最大密度小于待分离的目标产物的密度，在离心操作中，混合物中的各个组分在密度梯度中以不同的速度沉降，根据各个组分沉降系数的差别，形成各自的区带。经过一定时间后，从离心管中分别汲取不同的区带，得到纯化的各个组分。平衡区带离心的密度梯度比差速区带离心的密度梯度高，离心操作的结果是料液中的高分子溶质在与其自身密度相等的溶剂密度处形成稳定的区带，区带中的溶质浓度以该密度为中心，呈高斯分布。

　　区带离心的密度梯度一般可采用蔗糖配制。将一定浓度的蔗糖溶液经一定时间的高速离心后可配制成连续的蔗糖密度梯度。除蔗糖外，还有许多物质在离心力作用下可自动形成密度梯度，如氯化铯(可用于核酸的分离)和溴化钠(可用于脂蛋白的分离)等。区带离心法可用于蛋白质、核酸等生物大分子的分离纯化，但处理量小，一般仅限于实验室水平。

2.1.2　离心过滤

　　离心过滤是应用离心力代替压力差作为过滤推动力，在离心机有孔转鼓中进行固液分离，在高速离心力的作用下上清液透过滤布及鼓壁小孔被收集排出，固体微粒则被截留于滤布表面形成滤饼。

2.2　离心分离设备

　　离心分离设备的种类很多，根据转速(离心力)大小不同，可分为常(低)速离心机、高速离心机和超速离心机。其中，高速和超速离心机往往配备冷冻装置，也称冷冻离心机。根据操作方式不同，可分为间歇（分批）式离心机和连续式离心机。根据结构不同，可分为管式离心机、套筒式离心机和碟片式离心机。根据分离原理不同，则可分为沉降式离心机和过滤式离心机。

2.2.1 沉降式离心机

（1）管式离心机。最简单的沉降式离心机是分批操作的管式离心机或鼓式离心机，此种离心机的转筒或转鼓壁上没有开孔，既不需要滤布，也没有连续的料液进口和滤液出口，料液是一次加入后进行离心沉降的，一定时间后，由于固体密度较大，在离心力作用下沉降于筒壁或鼓壁上，余下的即澄清液体。

管式离心机的结构和工作状况如图1-1-8所示。

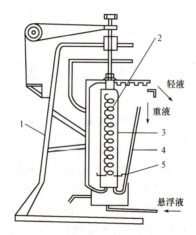

图 1-1-8 管式离心机的结构和工作状况
1—机架；2—分离盘；3—转筒；4—机壳；5—挡板

（2）碟片式离心机。碟片式离心机是应用最为广泛的离心沉降设备。如图1-1-9所示，它具有一密闭的转鼓，鼓中放置有数十至上百个锥形碟片，一般间距为0.5～2.5 mm。当转鼓连同碟片以高速旋转时（一般为4 000～8 000 r/min），碟片间悬浮液中的固体颗粒因有较大的质量，先沉降于碟片的内腹面，并连续向鼓壁方向沉降，澄清的液体则被迫反方向移动，最终从转鼓颈部进液管周围的排液口排出。碟片式离心机既能用于固液分离，又能用于液液分离。

2.2.2 过滤式离心机

常用的过滤式离心机为篮式过滤离心机，其转鼓为一多孔圆筒，圆筒转鼓内表面铺有滤布。操作时，被处理的混合液由圆筒口连续进入筒内，在离心力的作用下，清液透过滤布及鼓壁小孔被收集排出，固体微粒则被截留于滤布表面形成滤饼。因为操作是在高速离心力的作用下进行的，所以料液在转鼓圆筒内壁面分布成一接近中空的圆柱面。过滤式离心机工作原理如图1-1-10所示。

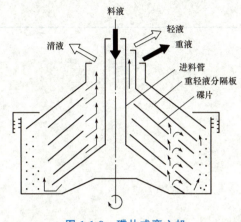

图 1-1-9 碟片式离心机

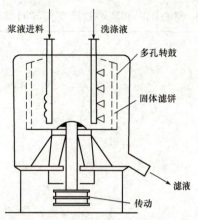

图 1-1-10 过滤式离心机工作原理

任务实施

1. 离心分离的类型和用途分别是什么？

2. 简述差速离心法分离细胞破碎液各组分的具体操作。

3. 离心沉降和离心过滤有何异同点？

案 例 分 析

案例 2　差速离心分离法收集线粒体

一、试验目的

(1) 了解并掌握差速离心分离技术分离细胞器的一般原理和方法。

(2) 观察线粒体形态特征和活性。

二、试验原理

(1) 在一定的离心场中(选用离心机的一定转速)，球形颗粒的沉降速度取决于它的密度、半径和悬浮介质的黏度。在一均匀的悬浮介质中离心一定时间，组织匀浆中的各种细胞器及其他内含物由于沉降速度不同将停留在高低不同的位置。依次增加离心力和离心时间，就能够使这些颗粒按其大小、轻重分批沉降在离心管底部，从而分批收集。细胞器沉降的先后顺序是细胞核、叶绿体、线粒体、溶酶体和其他微粒体、核糖体和大分子。

(2)詹纳斯绿B氧化状态呈现蓝绿色，还原状态为无色。线粒体内的细胞色素氧化酶系使染料始终保持氧化状态，呈蓝绿色；而线粒体周围的细胞质中，这些染料为无色。

三、试验材料与试剂

(1)材料：玉米黄化幼苗。

(2)器材：离心机、天平、研钵、烧杯、离心管、荧光显微镜、载玻片、盖玻片、滤纸、移液管。

(3)试剂：

1)0.25 mol/L蔗糖－提取缓冲液。

2)1%詹纳斯绿B(Janus green B)染液。

3)0.3 mol/L甘露醇溶液。

四、试验步骤

(1)取玉米幼苗约5 g，加3倍体积浓度为0.25 mol/L的蔗糖－提取缓冲液，在预冷的研钵内快速研磨成匀浆。

(2)8层纱布过滤，滤液经3 000 g 4 ℃离心10 min，去除杂质。

(3)上清液再用10 000 g 4 ℃离心10 min，沉淀为线粒体。

(4)沉淀用2 mL 0.25 mol/L蔗糖－提取缓冲液重悬，同上离心一次，弃上清液。

(5)线粒体沉淀保存，用0.3 mol/L甘露醇溶液重新悬浮。

(6)吸取线粒体重新悬浮液滴于载玻片上，再加滴詹纳斯绿B染色液，室温下静置染色15 min，用显微镜观察，线粒体呈蓝绿色，小棒状或哑铃状。

五、注意事项

(1)研钵取出后，加入缓冲溶液，迅速研磨。

(2)离心管置于冰上。

(3)重新悬浮液沉淀时应避免猛烈吹吸和剧烈振荡。

(4)染液一滴即可。

 巩固练习

一、名词解释

离心沉降

差速离心

区带离心

离心过滤

二、简答题

1.简述离心分离的原理。

2.离心分离的方法和设备有哪些？

任务3　细胞破碎

■情景描述

　　细胞破碎，即采用机械、物理、化学和酶解法破坏生物的细胞壁与细胞膜，从而使胞内产物获得最大限度的释放，以利于后续产物的分离纯化操作。

■学习目标

知识目标：

1. 了解细胞破碎方法的种类和基本原理；
2. 掌握细胞破碎方法的选择依据。

能力目标：

1. 能够掌握重要机械破碎设备的使用方法；
2. 能够掌握机械和酶法破碎细胞的操作规程与方法。

素质目标：

1. 通过项目教学，培养互助合作的团队精神；
2. 具备吃苦耐劳、爱岗敬业的职业素养。

■任务导学

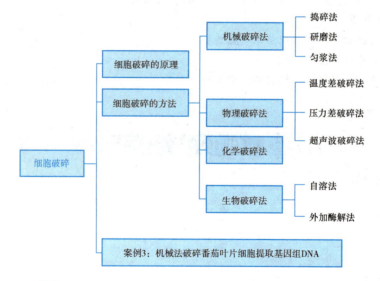

知识链接

　　一些微生物在代谢过程中将产物分泌到细胞之外的液相中（称为胞外酶），如细菌产生的碱性蛋白酶、霉菌产生的糖化酶等，提取过程中只需直接采用过滤和离心进行固液分离，然后将获得澄清的滤液进一步纯化即可。但对于存在于菌体或细胞内的生物产品，如各种胞内酶，经固液分离操作后，需要弃去上清液而将菌体或细胞收集，将细胞破碎，使胞内产物释放到液相中，然后进行提纯。

3.1 细胞破碎的原理

通常，生物的细胞壁较坚韧，细胞膜强度较差，易受渗透压冲击而破碎，因此破碎的阻力来自细胞壁。各种微生物细胞壁的结构和组成不完全相同，故细胞破碎的难易程度不同。另外，不同的生物产品，其稳定性也存在很大差异。在破碎过程中应防止其变性或被细胞内存在的酶水解。

3.2 细胞破碎的方法

不同的生物体或同一生物体的不同部位的组织，其细胞破碎的难易程度不同，使用的方法也不同，如动物脏器的细胞膜较脆弱，容易破碎，植物和微生物由于具有较坚固的纤维素、半纤维素组成的细胞壁，要采取专门的细胞破碎方法。当一种方法破碎效果不好时，也可以几种方法联合使用。细胞的破碎方法主要有机械破碎法、物理破碎法、化学破碎法和生物破碎法。表1-1-3列出了一些常用的细胞破碎方法。

表 1-1-3　各种细胞破碎方法

分类		作用原理	适应性
机械破碎法	捣碎法	固体剪切作用	常用于动物内脏、植物叶芽等比较脆嫩的组织细胞的破碎，也可以用于细菌的细胞破碎
	珠磨法	固体剪切作用	可达较高的破碎率，可较大规模地操作，大分子目的产物易失活，浆液分离困难
	高压匀浆法	液体剪切作用	可达较高的破碎率，可大规模地操作，不适合丝状菌和革兰氏阳性菌
	X-press法	固体剪切作用	破碎率高，活性保留率高，对冷冻敏感目的产物不适合
物理破碎法	反复冻融法	反复冻结−融化	破碎率较低，不适合对冷冻敏感的目的产物
	浸透压法	浸透压差	破碎率较低，常与其他方法结合使用
	干燥法	改变细胞膜的渗透性	条件变化剧烈，易引起大分子物质失活
	超声破碎法	声波和超声波	简便、快捷、效果好，特别适用于对数生长期微生物细胞的破碎
化学破碎法	化学渗透法	改变细胞膜渗透性	具有一定选择性，浆液易分离，但释放率较低，通用性差
生物破碎法	酶溶法	酶水解细胞壁	具有高度专一性，条件温和，浆液易分离，溶酶价格高，通用性差

3.2.1 机械破碎法

通过机械运动所产生的剪切力的作用使细胞破碎的方法称为机械破碎法。

常用的破碎机械有组织捣碎机、细胞研磨器、匀浆器等。按照所使用的破碎机械不同，机械破碎法可分为捣碎法、研磨法和匀浆法3种。

(1)捣碎法。捣碎法是指利用捣碎机高速旋转叶片所产生的剪切力将组织细胞破碎。此法常用于动物内脏、植物叶芽等比较脆嫩的组织细胞的破碎，也可以用于微生物，特别是细菌的细胞破碎。使用时，先将组织细胞悬浮于水或其他介质中，置于捣碎机内进行破碎。

(2)研磨法。研磨法是指利用研钵、石磨、细菌磨、球磨等研磨器械所产生的剪切力将组织细胞破碎。必要时可以加入精制石英砂、小玻璃球、玻璃粉、氧化铝等作为助磨剂，以提高研磨效果。研磨法设备简单，可以采用人工研磨，也可以采用电动研磨，常用于微生物和植物组织细胞的破碎。图 1-1-11 所示为双辊式研磨机，由两个圆柱形研磨辊作为主要的工作机构。工作时两个研磨辊相对旋转，由于细胞和研磨辊之间的摩擦作用，将加入的细胞卷入两辊所形成的破碎腔内而被压碎，破碎产品在重力作用下，从两个研磨辊之间的间隙处排出。该间隙的大小决定破碎产品的粒度。

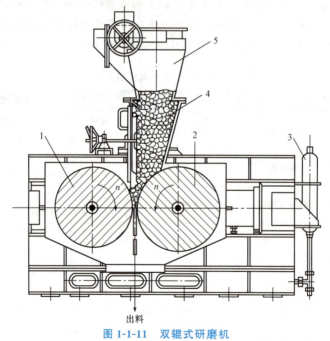

图 1-1-11 双辊式研磨机

1,2—研磨辊；3—冷却剂；4—细胞；5—加料槽

(3)匀浆法。匀浆法是指利用匀浆器产生的剪切力将组织细胞破碎。匀浆器一般由硬质磨砂玻璃制成，也可由硬质塑料或不锈钢等制成。匀浆器由一个内壁经磨砂的管和一根表面经磨砂的研杆组成，管和研杆必须配套使用，研杆与管壁之间仅有几百微米的间隙。通常用于破碎那些易于分散、比较柔软、颗粒细小的组织细胞。大块的组织或细胞团需要先

用组织捣碎机或研磨器械捣碎分散后才能进行匀浆。匀浆器的细胞破碎程度较高，对酶的活力影响也不大。

3.2.2 物理破碎法

通过温度、压力、声波等各种物理因素的作用，使组织细胞破碎的方法，称为物理破碎法。物理破碎法多用于微生物细胞的破碎。

常用的物理破碎法有温度差破碎法、压力差破碎法、超声波破碎法等。

(1)温度差破碎法。利用温度的突然变化，由于热胀冷缩的作用而使细胞破碎的方法称为温度差破碎法。例如，将在 $-18\,℃$ 冷冻的细胞突然放进较高温度的热水中，或者将较高温度的热细胞突然冷冻，都可以使细胞破碎。

温度差破碎法对于那些较为脆弱、易于破碎的细胞，如革兰氏阴性菌等，有较好的破碎效果。但是在热敏性产物提取时，要注意不能在过高的温度下操作，以免引起产物的变性失活。此法很难用于工业化生产。

(2)压力差破碎法。通过压力的突然变化，使细胞破碎的方法称为压力差破碎法。常用的压力差破碎法有高压冲击法、突然降压法及渗透压变化法等。

1)高压冲击法是在结实的容器中装入细胞和冰晶、石英砂等混合物，然后用活塞或冲击锤施以高压冲击，冲击压力可达到 $50\sim500\,MPa$，从而使细胞破碎。

2)突然降压法是将细胞悬浮液装进高压容器，加高压至 $30\,MPa$ 甚至更高，打开出口阀门，使细胞悬浮液迅速流出，出口处的压力突然降到常压，细胞迅速膨胀而破碎。

突然降压法的另一种形式称为爆炸式降压法，是将细胞悬浮液装入高压容器，通入氮气或二氧化碳，加压到 $5\sim50\,MPa$，振荡几分钟，使气体扩散到细胞内，然后突然排出气体，压力骤降，使细胞破碎。

突然降压法在压力差足够大、压力降低速度足够快，以及对数生长期的革兰氏阴性菌细胞破碎效果最好。

3)渗透压变化法是利用渗透压的变化使细胞破碎。使用时，先将对数生长期的细胞分离出来，悬浮在高渗透压溶液(如 20% 左右的蔗糖溶液)中平衡一段时间。然后离心收集细胞，迅速投入 $4\,℃$ 左右的蒸馏水或其他低渗溶液中，由于细胞内外的渗透压差别而使细胞破碎。

采用渗透压变化法进行细胞破碎，特别适用于膜结合酶、细胞间质酶等的提取，但是对革兰氏阳性菌不适用。

(3)超声波破碎法。利用超声波发生器所发出的声波或超声波的作用，使细胞膜产生空穴作用而使细胞破碎的方法称为超声波破碎法。超声波细胞破碎仪结构如图 1-1-12 所示。

超声波破碎的效果与输出功率、破碎时间有密切关系。同时受细胞浓度、溶液黏度、pH 值、温度及离子强度等的影响，必须根据细胞的种类和产物的特性加以选择。

超声波破碎具有简便、快捷、效果好等特点，特别适用于微生物细胞的破碎。最好采用对数生长期的细胞进行破碎。

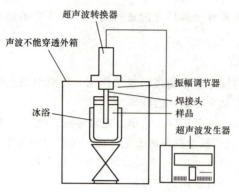

图 1-1-12　超声波细胞破碎仪结构

3.2.3　化学破碎法

通过各种化学试剂对细胞膜的作用，使细胞破碎的方法称为化学破碎法。

常用的化学试剂有甲苯、丙酮、丁醇、氯仿等有机溶剂和 Triton（特立顿）、Tween（吐温）等表面活性剂。

有机溶剂可以使细胞膜的磷脂结构破坏，从而改变细胞膜的透过性，使胞内产物释放到胞外。为了防止产物的变性失活，操作时应当在低温条件下进行。

表面活性剂可以和细胞膜中的磷脂及脂蛋白相互作用，使细胞膜结构破坏，从而增加细胞膜的透过性。表面活性剂有离子型和非离子型之分。离子型表面活性剂对细胞破碎的效果较好，但是会破坏蛋白质等产物的空间结构，从而影响产物的活性，所以，在活性蛋白的提取方面，一般采用非离子型的表面活性剂，如 Triton、Tween 等。

3.2.4　生物破碎法

通过细胞本身的酶系或外加酶制剂的催化作用，使细胞外层结构受到破坏，而达到细胞破碎的方法称为生物破碎法，或称为酶促破碎法。

（1）自溶法。将细胞在一定的 pH 值和温度条件下保温一段时间，利用细胞本身酶系的作用，使细胞破坏，而使细胞内物质释出的方法，称为自溶法。自溶法效果的好坏取决于温度、pH 值、离子强度等自溶条件的选择与控制。为了防止其他微生物在自溶细胞液中生长，必要时可以添加少量的甲苯、氯仿、叠氮钠等防腐剂。

（2）外加酶解法。根据生物细胞壁结构的特点，选择适宜的酶作用于细胞，使细胞壁破坏，并根据酶的动力学性质，控制好各种催化条件。

1）细菌。革兰氏阳性菌主要依靠 40 层左右交联成网的肽聚糖维持细胞的结构和形状[图 1-1-13（a）]，外加溶菌酶可作用于肽聚糖的 β-1,4 糖苷键，使其细胞壁破坏；而革兰氏阴性菌外壁肽聚糖层较薄，只有 1～2 层，而脂多糖层较厚[图 1-1-13（b）]，脂多糖层的稳定需要一些金属离子的参与，所以，革兰氏阴性菌在外加溶菌酶的同时，加入一些 EDTA 络合金属离子的破壁效果较好。

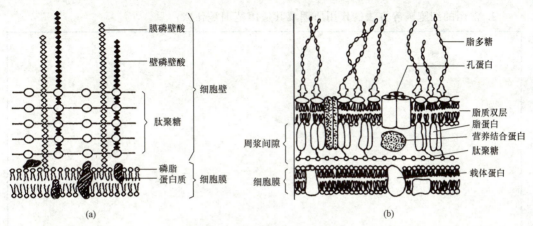

图 1-1-13　细菌细胞壁结构图

（a）革兰氏阳性菌；（b）革兰氏阴性菌

2）酵母细胞。和细菌细胞壁不同，酵母细胞壁主要由甘露聚糖和葡聚糖层构成，故 β-葡聚糖酶可以使其细胞壁的 β-1,3 葡聚糖水解。

3）霉菌。霉菌可用几丁质酶进行细胞破碎。

4）植物。纤维素酶、半纤维素酶和果胶酶的混合使用，可使各种植物的细胞壁受到破坏，对植物细胞有良好的破碎效果。

综上所述，细胞破碎的方法很多，但是它们的破碎效率和适用范围不同。选择破碎方法时，需要考虑下列因素：细胞的数量和细胞壁的强度；产物对破碎条件（温度、化学试剂、酶等）的敏感性；要达到的破碎程度及破碎所必要的速度等。具有大规模应用潜力的生物产品应选择适用于放大的破碎技术，同时，还应将破碎条件和后面的提取分离结合起来考虑。在固液分离中，细胞碎片的大小是重要因素，太小的碎片很难分离除去，因此，破碎时既要获得高的产物释放率，又不能使细胞碎片太小。最佳的细胞破碎条件应该从高的产物释放率、低的能耗和便于后步提取进行权衡。

▌任务实施

1. 常用的细胞破碎方法有哪些？

2. 常用的细胞破碎方法的作用原理及其适用范围是什么？

3. 细胞破碎的目的是什么？

4. 细胞破碎方法的选择依据是什么？

5. 最佳的细胞破碎条件应该从哪几个方面进行权衡?

案 例 分 析

案例3 机械法破碎番茄叶片细胞提取基因组 DNA

一、试验目的

(1)理解机械破碎法破碎细胞的原理。

(2)掌握机械破碎植物细胞的操作技术。

二、试验原理

本试验采用机械研磨的方法破碎植物细胞,并在研磨过程中加入液氮,一方面使研磨更加充分;另一方面可降低研磨过程中各种酶的影响。研磨过程中产生的多种酶类(尤其是氧化酶类)对 DNA 的抽提会产生不利的影响,在抽提缓冲液中加入抗氧化剂或强还原剂(如巯基乙醇)可以有效降低这些酶的活性。

抽提缓冲液中的离子型表面活性剂能溶解细胞膜和核膜蛋白,使核蛋白解聚,从而使 DNA 得以游离出来。再加入苯酚和氯仿等有机溶剂,能使蛋白质变性,并使抽提液分相,因核酸(DNA、RNA)水溶性很强,经离心后即可从抽提液中除去细胞碎片和大部分蛋白质。上清液中加入无水乙醇使 DNA 沉淀,沉淀 DNA 溶于洗脱缓冲液 TE 中,即得植物基因组 DNA 溶液。

三、试验材料与设备

(1)材料:番茄叶片。

(2)试剂:液氮、氯仿、缓冲液、巯基乙醇、洗脱缓冲液 TE、琼脂糖凝胶液。

(3)仪器与设备：离心机、研钵、水浴锅、离心管、镊子、吸附柱、收集管、通风橱、移液枪、容量瓶、电泳槽等。

四、试验步骤

(1)在试验开始之前，将抽提缓冲液置于 65 ℃水浴锅中预热(在预热的抽提缓冲液中加入巯基乙醇，使其终浓度为 0.1%)。

(2)准备若干离心管并做好标记，研钵中加入适量液氮预冷。

(3)称取新鲜的番茄叶片组织约 100 mg，加入液氮充分研磨。

(4)将研磨好的粉末迅速转移到干净的离心管中。

(5)加入 700 μL 65 ℃预热的抽提缓冲液，迅速颠倒混合均匀，置于 65 ℃的水浴锅中，每隔 10 min 颠倒离心管以混合样品，20 min 后取出。

(6)加入 700 μL 氯仿，充分混合均匀。12 000 r/min 离心 5 min(注：若提取富含多酚或淀粉的植物组织，可在此之前，用酚∶氯仿=1∶1 进行等体积抽提)。

(7)小心地将上一步所得上层水相转入下一个新的离心管中，加入 700 μL 缓冲液，充分混合均匀。

(8)将混匀液体转入吸附柱，设置离心机转速为 12 000 r/min，离心 30 s，弃掉废液(吸附柱容积为 700 μL 左右，可分次加入离心)。

(9)向吸附柱中加入 500 μL 缓冲液(使用前请先检查是否已加入无水乙醇)，设置离心机转速为 12 000 r/min 离心 30 s，倒掉废液，将吸附柱放入收集管。

(10)向吸附柱中加入 600 μL 漂洗液(使用前请先检查是否已加入无水乙醇)，12 000 r/min 离心 30 s，倒掉废液，将吸附柱放入收集管。

(11)重复操作步骤(10)。

(12)将吸附柱放回收集管，设置离心机转速为 12 000 r/min，离心 2 min，倒掉废液，将吸附柱置于室温放置数分钟，以彻底晾干吸附材料中残余的漂洗液。

(13)吸附柱放入收集管，12 000 r/min 离心 2 min，将吸附柱中残留的漂洗液除去，后开盖晾干。

(14)洗脱：吸附柱置于新的离心管，加入洗脱缓冲液 TE，开盖 8 000 r/min 离心 1 min，弃吸附柱，保存质粒于 4 ℃冰箱。

(15)根据样品 DNA 片段大小制备琼脂糖凝胶，待胶凝固后，向提取质粒产物中加入上样缓冲液，将样品混合均匀，然后吸取液体加入对应的点样孔。

(16)电泳：加完样品后，合上电泳槽盖，立即接通电源(大约 120 V，20 min)。

(17)紫外灯下观察和拍照。

五、注意事项

(1)在试验过程中必须全程佩戴手套，并需及时更换，防止造成 DNA 降解。

(2)由于氯仿有较强的毒性和挥发性，试验可在通风橱中进行。

(3)样品避免反复冻融，否则会导致提取的 DNA 片段较小，提取量也下降。

巩固练习

一、名词解释

细胞破碎

细胞破碎率

机械破碎法

生物破碎法

二、简答题

1. 简述细胞破碎的方法与原理。

2. 简述细胞破碎方法的选择依据。

3. 比较不同细胞破碎方法的优缺点，填入下面的表格。

类型	破碎方法	原理	优点	缺点
机械破碎法				
非机械破碎法				

项目2 产物提取与粗分离

从发酵液或其他生物反应溶液中除去不溶性固体物质后，通常就进入产物提取阶段。生物分离往往需要从浓度很稀的水溶液中除去大部分的水，而且反应溶液中存在多种副产物和杂质。萃取、吸附和离子交换是分离液体混合物常用的单元操作，可在分离初期尽可能去除主要的杂质和干扰物，同时提高目标产物的浓度。而沉淀法具有简单、经济和浓缩倍数高的优点，广泛应用于发酵液经过滤或离心除去不溶性杂质及细胞碎片以后，得到的沉淀物可直接干燥制得成品或进行进一步提纯。

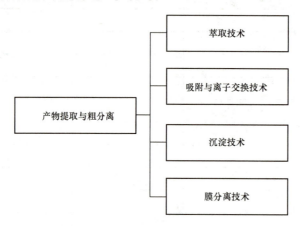

任务4 萃取技术

情景描述

萃取是利用溶质在互不相溶的溶剂里溶解度的不同，用一种溶剂把溶质从另一种溶剂所组成的溶液里提取出来的操作方法。萃取作为产物提取和粗分离的一种重要的单元操作，已经广泛应用于发酵产物、胞内及胞外生物活性产品的提取。其优点是常温能耗低、生产能力大、便于连续操作；选择性好、传质快；可与其他分离技术相结合，应用范围广。

■**学习目标**

知识目标：

1. 了解分配定律和分配系数；

2. 熟悉萃取技术的原理；

3. 掌握常用的萃取分离方法和萃取过程。

能力目标：

1. 能够合理选择萃取方法；

2. 能够进行萃取分离的操作。

素质目标：

1. 具备遵守法规、爱岗敬业、勇于奉献的职业素养；

2. 具备互帮互助、团结协作的道德品质；

3. 培养家国情怀，建立专业自信，树立安全意识、质量意识。

■**任务导学**

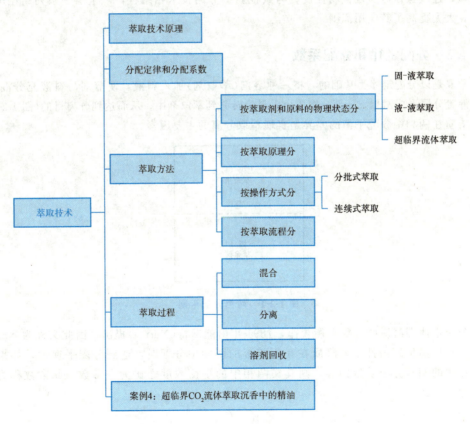

知识链接

4.1 萃取技术原理

　　萃取是利用溶质在两种互不相溶（或微溶）的溶剂中溶解度或分配系数的不同，使溶质从它与一种溶剂所组成的混合液（原料）中转移到另一种溶剂。在萃取过程中，用于萃取的溶剂称为萃取剂；混合液中欲分离的组分称为溶质；混合液中的溶剂称为稀释剂。萃取剂应对溶质具有较大的溶解能力，与稀释剂应不互溶或部分互溶。经过扩散分离后，大部分的溶质被转移到萃取剂中，此时得到的溶液就被称为萃取液，而失去了大部分溶质的料液，称为萃余液。

　　萃取技术作为一种产物的初级分离纯化技术，与其他分离技术相比具有较多的优点：比沉淀法分离程度高；比离子交换法选择性好、传质快；比蒸馏法能耗低，生产能力大，周期短，连续操作可实现自动控制；与其他新型分离技术相结合，产生了一系列新型分离方法，大大提高了其应用范围。

4.2 分配定律和分配系数

　　萃取是以分配定律为基础的。将一种溶剂（萃取剂）加入料液，使溶剂与料液充分混合，然后静置分层形成两相，一部分溶质会由料液转移到萃取剂中，从而达到分离目的（图 1-2-1）。不同溶质在两相中分配平衡的差异是实现萃取分离的主要因素。

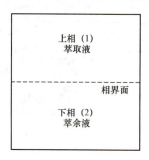

图 1-2-1　两相分配平衡

　　分配定律即溶质的分配平衡规律，1891 年由能斯特（Nernst）提出，因此又称为 Nernst 定律：在恒温恒压条件下，溶质在互不相溶的两相中分配时，达到分配平衡后，如果其在两相中的相对分子质量相等，则其在两相中的平衡浓度之比为一常数，此常数称为分配常数 A，则

$$A = \frac{c_1}{c_2}$$

式中，c_1、c_2 分别代表上、下相中溶质的平衡浓度（mol/L）。

分配常数 A 在使用时，必须注意满足 3 个条件：一是必须是稀溶液；二是溶质对溶剂的互溶度没有影响；三是溶质在两相中必须是同一分子类型，不发生缔合或解离。

分配常数是以相同相对分子质量存在于两相中的溶质浓度之比，但在多数情况下，溶质在各相中并非以同一种分子形态存在，对于这种体系，通常用分配系数来表示分配平衡。

当萃取体系达到平衡时，溶质在两相中的总浓度之比称为分配系数或分配比，用 K 表示，则

$$K = \frac{C_1}{C_2}$$

式中，C_1、C_2 分别代表上、下相中溶质的总浓度（mol/L）。

在萃取过程中，K 是一个重要的特征参数。K 不是一个常数，它与溶质浓度、两相性质有关，K 越大，溶质越容易进入萃取相。很明显，分配常数是分配系数的一种特殊情况，只有溶质在两相中的分子形态相同时，两者才相等。

相比是指在一个萃取体系中，一个液相和另一个液相体积之比，用 R 表示，则

$$R = \frac{V_1}{V_2}$$

式中，V_1、V_2 分别表示两液相的体积（mL）。

生物工程中的料液一般含有多种溶质，若在原来的料液中，除溶质 A 外，还有溶质 B，它们的分配系数不同，则萃取剂对溶质 A 和溶质 B 分离能力的大小就可用分离系数或分离因素 β 表示。分离系数是指在一定条件下进行萃取分离时，被分离的两种组分的分配系数的比值，则

$$\beta = \frac{K_A}{K_B}$$

式中，β 越大，溶质 A 和溶质 B 越易于分离，当 $\beta = 1$ 时，溶质 A 和溶质 B 根本不能分离。

4.3　萃取方法和过程

4.3.1　萃取方法

萃取的方法多种多样，主要有以下几种分类：

(1)根据萃取剂和原料的物理状态，以液体为萃取剂时，如果含有目标产物的原料也为液体，则称为液−液萃取；如果含有目标产物的原料为固体，则称为固−液萃取或浸取；以超临界流体为萃取剂时，含有目标产物的原料可以是液体，也可以是固体，称为超临界流体萃取。在液−液萃取中，根据萃取剂的种类和形式的不同又可分为有机溶剂萃取、双水相萃取、反胶团萃取、液膜萃取等（表 1-2-1）。

表 1-2-1　常用萃取方法的比较

萃取方法	原理	优点	缺点	应用
固—液萃取	利用溶剂使固体物料中的可溶性物质溶解其中而加以分离	应用领域广泛，溶剂易得	浸取前需要对原料进行预处理，传质阻力大	食品工业中的咖啡、豆油及从中药中浸取有效成分等
有机溶剂萃取	利用溶质在水相和有机溶剂相中分配系数的差异进行分离	适用于有机化合物及结合有脂质或非极性侧链的蛋白质等的分离	萃取条件严格，安全性低，活性收率低	石油工业、制药工业和精细生物化工、冶金工业中分离和提取各种产物
双水相萃取	依据溶质在互不相溶的两水相（聚合物或无机盐溶液）中分配系数不同而进行分离	可连续或分批操作，设备要求简单，萃取容易、操作稳定，极易放大。适用于大规模应用	成本高、纯化倍数较低，适用于粗分离	广泛应用于生物化学、细胞生物学、生物化工和食品等领域，在蛋白质、核酸、多糖、抗生素、生长素等生物活性大分子提取中得到大规模应用
反胶团萃取	利用表面活性剂形成的"油包水"微滴，对蛋白质等进行分离	较适用于生物活性物质的提取。有一定的选择性，操作简单，萃取能力大	表面活性剂筛选工作量大，缺乏应用实例	用于蛋白质，尤其是各种酶的分离提取
液膜萃取	以液膜为分离介质、以浓度差为推动力的膜分离操作	溶剂耗量少，选择性高、干扰物质少、富集倍率高、易于自动化且方便与其他分析仪器在线联用	技术要求高，液膜易破裂和膨胀	用于柠檬酸、氨基酸萃取及液膜包酶（类似固定化酶反应）
超临界流体萃取	利用某些流体在高于其临界压力和临界温度时形成的超临界流体作为溶剂进行萃取分离	萃取能力大、速度快，可通过控制温度和压力改变对某些物质的选择性	操作压力大，大规模应用的例子不多，研究活跃	食品、化妆品香料工业、生物及化工和医药工业，如中草药有效成分的提取等

1)固—液萃取技术。固—液萃取也称溶剂浸取，是利用固体物质在液体溶剂中的溶解度不同来达到分离提取的目的，进行浸取的原料是溶质与不溶性固体的混合物。其中，溶质是可溶组分，而不溶性固体称为担体或惰性物质。操作时要根据溶质的溶解性来选择合适的浸取溶剂。易溶于水的溶质可选用水、酸、碱、盐溶液浸取，易溶于有机溶剂的溶质则选用有机溶剂浸取效果更好。

2)液—液萃取技术。液—液萃取技术利用两种不相溶的溶剂（通常为水和有机溶剂）的互溶性差异，将需要分离的溶质从一个溶液转移至另一个溶液中。该过程通常基于溶质在两种溶剂中的溶解度不同而实现。液－液萃取的关键是选择适当的溶剂对，并控制温度、摇动速度等条件，以获得较高的萃取效率。液－液萃取技术已用于从草药中提取活性成分，从石油中提取烯烃类化合物以及从水样和土壤样品中提取与富集有机污染物。

动画：液液
萃取分离技术

3）超临界流体萃取（SFE）技术。超临界流体萃取（SFE）技术是利用流体（溶剂）在临界点附近某区域（超临界区）内，与待分离混合物中的溶质具有异常相平衡行为和传递性能，且对溶质的溶解能力随压力和温度的改变而在相当宽的范围内变动的特性达到溶质分离的目的。这种流体可以是单一的，也可以是复合的，添加适当的夹带剂可以大大增加其溶解性和选择性。利用这种超临界流体（SCF）做溶剂，可以从多种液态或固态混合物中萃取出待分离的组分。二氧化碳（CO_2）是最常用的超临界流体，因为 CO_2 无毒，不易燃易爆，价格低，有较低的临界压力和温度，易于安全地从混合物中分离出来。

超临界 CO_2 萃取方法与传统的水蒸气蒸馏法、溶剂萃取法等相比，其最大的优点是可以在近常温的条件下提取分离，保留产品中绝大多数的有效成分。过程无有机溶剂残留，产品纯度高，收率高，操作简单，节能。

（2）根据萃取原理，在萃取操作中，萃取剂与溶质之间不发生化学反应的为物理萃取；萃取剂与溶质之间发生化学反应的为化学萃取，根据发生的化学反应机理，萃取反应又可分为络合反应、阳离子交换反应、离子缔合反应、加合反应和带同萃取反应5类。

（3）根据操作方式，萃取可分为分批式萃取和连续式萃取。

（4）根据萃取流程，萃取可分为单级萃取、多级萃取，其中多级萃取又可分为多级错流萃取、多级逆流萃取和微分萃取（也称连续逆流萃取）。其区别见表1-2-2。

1）单级萃取。最基本的操作是单级萃取。它是使料液与萃取剂在混合过程中密切接触，使被萃组分通过相际界面进入萃取剂，直到组分在两相间的分配基本达到平衡。然后静置沉降，分离成为两层液体，即由萃取剂转变成的萃取液和由料液转变成的萃余液。

单级萃取对给定组分所能达到的萃取率（被萃组分在萃取液中的量与原料液中的初始量的比值）较低，往往不能满足工艺要求，为了提高萃取率，可以采用多级萃取方法。

2）多级错流萃取。料液和各级萃余液都与新鲜的萃取剂接触，可达到较高的萃取率。但萃取剂用量大，萃取液平均浓度低。

3）多级逆流萃取。料液与萃取剂分别从级联（或板式塔）的两端加入，在级间做逆向流动，最后成为萃余液和萃取液，各自从另一端离去。料液和萃取剂各自经过多次萃取，因而萃取率较高，萃取液中被萃组分的浓度也较高，这是工业萃取常用的流程。

4）连续逆流萃取。在微分接触式萃取塔中，料液与萃取剂在逆向流动的过程中进行接触传质，也是常用的工业萃取方法。料液与萃取剂之中，密度大的称为重相，密度小的称为轻相。轻相自塔底进入，从塔顶溢出；重相自塔顶加入，从塔底导出。萃取塔操作时，一种充满全塔的液相，称为连续相；另一液相通常以液滴形式分散其中，称为分散相。

分散相液体进塔时即分散，在离塔前凝聚分层后导出。料液和萃取剂两者之中以何者为分散相，须兼顾塔的操作和工艺要求来选定。

此外，还有能达到更高分离程度的回流萃取和分步萃取。

表 1-2-2　单级萃取与多级萃取流程的比较

萃取方法	过程描述	过程示意图	特点
单级萃取	也称混合澄清式萃取，只包括一个混合器和一个分离器，一般用于分批式操作，也可进行连续式操作		流程简单，只萃取一次，萃取率不高
多级错流萃取	将几个萃取单元（混合—澄清器）串联起来，料液经第一级萃取后分成两相，萃余相流入下一个萃取单元的混合器作为第二级萃取的料液并通入新鲜萃取剂继续进行萃取。萃取相经多级萃取单元的分离器排出后，混合在一起再进入回器中回收溶剂，循环利用		在每一级萃取单元中加入新鲜萃取剂，萃取效率较高；但溶剂消耗量大，产品浓度稀，需消耗较多能量回收溶剂
多级逆流萃取	将多个萃取单元（混合—澄清器）串联起来，料液和萃取剂分别从左右两端萃取单元（第一级和最后一级）中的混合器连续通入，料液移动方向和萃取剂移动方向相反，形成多级逆流接触		只在最后一级中加入萃取剂，萃取剂消耗量少，萃取液中产物平均浓度高，产物收率高

4.3.2　萃取过程

生产中液－液萃取一般应包括下面 3 个步骤。

(1)混合。料液和萃取剂充分混合并形成乳浊液的过程。在此过程中，溶质从料液转入萃取剂。混合过程所使用的设备称为混合器，一般使用搅拌罐或管道，将料液和萃取剂以湍流方式混合，或使用喷射泵进行涡流混合。

(2)分离。将乳浊液分开形成萃取相与萃余相的过程。分离时采用的设备称为分离器，常用的为碟片式离心机和管式离心机，也有将混合与分离在同台设备中完成的，如各种对向交流萃取机。

(3)溶剂回收。从萃取相或萃余相中回收萃取剂的过程。溶剂回收时采用的设备称为回收器，可利用化工单元操作中的液体蒸馏设备完成，与萃取操作可以不同步进行。

任务实施

1. 萃取分离技术的原理是什么？

2. 固－液萃取和液－液萃取技术有什么区别？

3. 超临界流体萃取技术在生产中的优势是什么？

4. 多级错流萃取和多级逆流萃取的异同点是什么？

案 例 分 析

案例4　超临界 CO_2 流体萃取沉香中的精油

一、试验目的

(1) 学习掌握超临界仪器的使用及使用注意事项。

(2) 熟悉超临界 CO_2 流体萃取沉香的操作方法。

二、试验原理

超临界萃取技术是一种先进的生物产品分离纯化技术。超临界流体是指热力学状态在临界点（P_c、T_c）以上的流体，临界点是气液界面消失的状态点。超临界流体具有独特的物理化学性质，其密度接近液体，其黏度接近气体，而其扩散系数很大，分离效果更好，是一个很理想的萃取剂。

三、试验材料与仪器设备

(1) 超临界 CO_2 流体萃取仪（含主机、高压泵、低温恒温槽、气泵空压机、二氧化碳钢瓶、萃取柱、接收瓶）。

(2) 沉香木料、粉碎机、200目筛子、锥形瓶、电子天平。

四、试验步骤

(1) 沉香木料的预处理：将沉香木料放入粉碎机粉碎1 min，倒出沉香粉末至200目筛子过筛，收集粉末。

(2) 接通超临界 CO_2 流体萃取仪电源，打开空气压缩机、循环水冷却仪，并按下循环水冷却仪前面的3个按钮。

(3) 确定各气阀的关闭状态，打开保温箱和加压泵，并对保温箱预热。

(4) 在电子天平上准确称取100 g沉香粉末，装入萃取釜中并旋紧，放入保温箱，将气路接好放入萃取柱，盖好盖子。

(5) 设置温度为5 ℃，待其升高到设置的温度之后（需要时同时要加入夹带剂），再打开气瓶阀门，调节加压泵的旋钮，将其加到所需的压力。

(6) 萃取时间完成后，先关闭 CO_2 钢瓶阀门，打开排气阀用溶剂收集萃取的目标物，再卸压。待萃取缸内压力和外界平衡后，取下萃取釜，倒出萃取残物，整个萃取过程结束。

(7) 依次关闭加压泵、保温箱、循环水冷却仪和总电源，排尽压缩机内的空气。

五、试验注意事项

(1) 使用的温度不能过高，要在仪器的使用范围之内。

(2) 在装样的过程中，要在萃取釜的两端放玻璃棉以防止造成气路堵塞。尽量做到平稳操作，以免损坏仪器。

(3) 此装置为高压流动装置，不熟悉本系统流程者不得操作，高压运转时不得离开岗位，如发生异常情况，要立即停机关闭总电源检查。

巩 固 练 习

一、名词解释

萃取技术

分配系数

固—液萃取

液—液萃取

双水相萃取

超临界流体萃取

二、简答题

1. 萃取技术的优点是什么？

2. 双水相萃取的原理及特点有哪些？

3. 超临界流体萃取剂的特征有哪些？列举常用的超临界流体。

4. 液—液萃取技术的操作流程是什么？

任务5　吸附与离子交换技术

■情景描述

　　吸附分离技术是利用固体吸附剂将流体混合物中所含的一种或几种组分进行吸附，再用适当的洗脱剂将吸附的组分从吸附剂上解吸下来，从而使混合物组分分离的单元操作，属于传质分离单元操作，广泛应用于化工、石油、食品、药品、轻工和环境保护等部门，在生物产品生产中，可用于酶、蛋白质、核苷酸、抗生素、氨基酸等产物的除臭、脱色、去热源、吸湿、防潮，以及发酵过程中的空气净化和除菌。

■学习目标

知识目标：

1. 熟悉常用的吸附介质和离子交换介质种类；

2. 掌握吸附分离的方法；

3. 掌握影响吸附和离子交换的因素；

4. 掌握吸附分离设备。

能力目标：

1. 能够进行吸附分离和离子交换的操作；

2. 能够合理选择吸附介质和吸附方法；

3. 能够熟练使用吸附设备进行吸附操作。

素质目标：

1. 具备诚实守信、吃苦耐劳、爱岗奉献的职业素养；

2. 具备团结协作、实事求是的品质；

3. 具备探索和钻研的创新意识，培养独立思考的能力。

▌任务导学

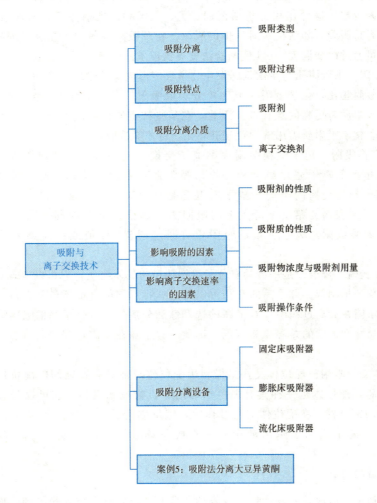

知识链接 📄

5.1 吸附分离

当流体与多孔固体接触时，流体中某一组分或多个组分在固体表面处产生积蓄，此现象称为吸附。吸附也是指物质（主要是固体物质）表面吸住周围介质（液体或气体）中的分子或离子现象。固体物质称为吸附剂，被吸附的液相或气相物质称为吸附质。

5.1.1 吸附类型

根据吸附质与吸附剂表面分子之间结合力的不同，吸附可分为物理吸附、化学吸附和离子交换吸附 3 种类型。近年来又出现了分子筛吸附和配位体交换吸附等新的类型。

(1)物理吸附。由吸附质与吸附剂通过分子间作用力所引起的吸附，称为物理吸附。其是最常见的吸附现象。这种作用力包括范德华力、氢键和静电引力等，通常结合力较弱，吸附热较小，容易脱附，如活性炭对气体的吸附。物理吸附一般发生在吸附剂的整个自由界面，吸附质可通过改变温度、pH 值和盐浓度等物理条件解吸。

(2)化学吸附。由吸附质与吸附剂间发生化学反应形成化学键所引起的吸附，称为化学吸附。与物理吸附相比，化学吸附一般为单分子层吸附，通常结合力较强，吸附热较大，不易脱附，对吸附质有更高的选择性。因此，在某些特定的分离过程中，化学吸附分离具有更高的效率。化学吸附质需用洗脱剂先破坏化学键才能洗脱。

(3)离子交换吸附。离子交换吸附简称离子交换，是以离子交换剂作为吸附剂，将溶液中带相反电荷的离子通过静电相互作用吸附在其表面，同时，吸附剂向溶液中释放出等量的离子作为交换的吸附。离子的电荷是交换吸附的决定因素，离子所带电荷越多，它在吸附剂表面的相反电荷点上的吸附力就越强，电荷相同的离子，其水化半径越小，越容易被吸附。离子交换的吸附质可通过调节 pH 值或提高离子强度的方法洗脱。

(4)分子筛吸附。分子筛是一种具有分子级别孔径的晶体物质，它可以实现对气体和液体的分离、纯化与精制等。分子筛的孔径可以通过选择不同的合成条件和合成原料进行调整，因此，分子筛在分离过程中具有很高的选择性和分离效率。分子筛的吸附分离过程主要是基于分子尺寸和形状的差异来实现的，因此，分子筛在分离过程中具有良好的立体选择性。

(5)配位体交换吸附。配位体交换是指利用配位体与被吸附物之间的配位作用来实现吸附分离的过程。配位体是一种具有孤电子对的有机物或无机物，它可以与金属离子或原子形成稳定的配合物。在配位体交换过程中，配位体通过与金属离子或原子形成配合物，从而将金属离子或原子从溶液中吸附在配位体表面上，实现金属离子的分离和纯化。

5.1.2 吸附过程

吸附过程通常包括待分离混合物与吸附剂混合、吸附质被吸附到吸附剂表面、混合物流出、吸附剂解吸回收 4 个过程。当待分离混合物与吸附剂长时间充分接触后，系统达到平衡，吸附质的平衡吸附量首先取决于吸附剂的化学组成和物理结构，同时，与系统的温度和压力及该组分和其他组分的浓度或分压有关，通过改变温度、压力、浓度及利用吸附剂的选择性可将混合物中的组分分离。

5.2 吸附特点

(1)操作简便、安全，设备简单；

(2)生产过程中 pH 值变化较小，不易引起生物活性产物的变性；

(3)选择性差，收率低；

(4)料液浓度低，处理能力差。

离子交换除具有和吸附分离相同的优点外，还具有选择性好，容易实现自动化控制以及效率高等优点；但也具有生产周期长、成品质量不稳定、生产过程 pH 值变化较大的缺点。

5.3 吸附分离介质

5.3.1 吸附剂

吸附剂通常应具备对被分离物有较强的吸附能力、较好的吸附选择性、机械强度高、再生简便、迅速和性能稳定、价格低等特征。按照其化学结构的不同，吸附剂可分为两大类，即有机吸附剂(如活性炭、纤维素、大孔吸附树脂、聚酰胺等聚合物)和无机吸附剂(如硅胶、羟基磷灰石、氧化铝、高岭土、硅藻土等)。按照其来源不同，吸附剂又可分为天然吸附剂(如硅藻土、白土、天然沸石等)和人工吸附剂(如活性炭、活性氧化铝、硅胶、合成沸石、有机树脂吸附剂等)。

(1)活性炭。活性炭是最常用的非极性吸附剂，为疏水性和亲有机物的吸附剂，对烃类及衍生物的吸附能力强，具有很高的比表面积，化学稳定性好，抗酸耐碱，热稳性高，再生容易，常用于生物产品的脱色和除臭，还可用于糖、氨基酸、多肽及脂肪酸等的分离提取。

合成纤维经炭化后可制成活性炭纤维吸附剂，使吸附容量提高数十倍，而且可以编制成各种织物，使装置更为紧凑并减小流体阻力。活性炭也可加工成炭分子筛，孔径范围为 0.2～1 nm，能起到分子筛的作用，又有活性炭的基本性质，对同系物或有机异构体有良好的选择性。

(2)硅胶。硅胶是应用广泛的极性吸附剂，对不饱和烃、甲醇、水分等有明显的选择性。其比表面积较大，稳定性好，吸附容量大，可以将其制备成不同类型、孔径和表面积，可用于萜类、固醇类、生物碱、脂肪、氨基酸等的吸附分离。

(3)活性氧化铝。活性氧化铝也是常用的极性吸附剂，其比表面积较大，具有较高的吸附容量，分离效果好，特别适用于亲脂性成分的分离，广泛应用于醇、酚、生物碱、染料、维生素、氨基酸、蛋白质及抗生素等物质的分离。

(4)分子筛(人造沸石)。沸石分子筛也称为沸石，是硅铝酸金属盐的晶体。它是一种强极性的吸附剂，对极性分子，特别是对水有很大的亲和能力，比表面积大，具有很强的选择性，常用于石油馏分的分离、各种气体和液体的干燥等。

(5)羟基磷灰石。在水相溶剂中不溶，可用于蛋白质纯化的吸附剂，并能结合双链 DNA 从而与单链 DNA 分开。

(6)大孔吸附树脂。大孔吸附树脂是具有网状结构的高分子聚合物，常用的有聚苯乙烯树脂和聚丙烯酸树脂。单体的变化和单体上官能团的变化可以赋予树脂各种特殊的性能。

大孔吸附树脂可分为非极性吸附剂、中等极性吸附剂和极性吸附剂 3 类。

1)非极性吸附剂。芳香族吸附剂，以苯乙烯为单体、二乙烯苯为交联剂聚合而成，如 X-5、H03、D101、HPD100、ADS-5、XAD-1 等，可用于抗生素、中草药及天然植物中活性成分的提取分离，如人参皂苷、三七皂苷、黄酮、内酯、萜类、生物碱及各种天然色素。

2)中等极性吸附剂。脂肪族吸附剂，以甲基丙烯酸酯作为单体和交联剂聚合而成，如 AB-8、HPD400、ADS-8、ADS-17、XAD-6 等，可用于氨基酸、蛋白质、甜菊苷、银杏叶黄酮、银杏内酯及喜树碱、苦参碱的提取分离。

3)极性吸附剂。吸附剂结构中多为含硫氧、酰胺、氮氧等基团的聚合物，如 S-8、NKA-2、NKA-9、HPD600，以及强极性吸附剂 ADS-7、XAD-11，可用于茶多酚、甜菊苷、人参皂苷、绞股蓝皂苷、合欢皂苷及挥发性香料的分离提取。

大孔吸附树脂应用广泛，具有吸附选择性好、解吸容易、机械强度高、流体阻力较小等特点，在生物产品的净化、分离、回收都有良好的效果，并在抗生素、维生素、氨基酸、蛋白质提纯等方面有很广泛的应用。

5.3.2　离子交换剂

离子交换剂是较常用的吸附剂之一，目前在生产中常用的离子交换剂主要有离子交换树脂和多糖基离子交换剂。

1. 离子交换树脂

离子交换树脂由 3 部分构成：惰性的、不溶性的高分子固定骨架，又称载体；与载体以共价键连接的不能移动的活性基团，又称功能基团；与功能基团以离子键连接的可移动的活性离子，也称平衡离子。如苯乙烯磺酸型钠树脂，其骨架是聚苯乙烯高分子材料，活性基团是磺酸基，平衡离子为钠离子。

离子交换树脂有多种分类方法，具体如下：

(1)按树脂骨架的主要成分分类，有聚苯乙烯型树脂、聚丙烯酸型树脂、环氧氯丙烷型多烯多胺型树脂和酚醛型树脂等。

(2)按树脂骨架聚合的方法分类，有共聚型树脂和缩聚型树脂。

(3)按骨架的物理结构分类，有凝胶型树脂、大孔树脂及均孔树脂。

(4)按活性基团分类，有含酸性基团的阳离子交换树脂和含碱性基团的阴离子交换树脂。活性基团根据其电离程度强弱不同，又可分为强酸性和弱酸性阳离子交换树脂及强碱性和弱碱性阴离子交换树脂，此外，还有含其他功能基团的络合树脂、氧化还原树脂及两性树脂等。

2. 多糖基离子交换剂

生物大分子的离子交换要求固相载体具有亲水性和较大的交换空间，还要求固相载体对其生物活性有稳定作用，并便于洗脱。这些都是使用人工高聚物做载体时难以满足的，只有采用生物来源的稳定的高聚物——多糖做载体时，才能满足分离生物大分子的全部要求。

根据载体多糖种类的不同，多糖基离子交换剂可分为离子交换纤维素和葡聚糖凝胶离子交换剂两大类。

(1)离子交换纤维素。离子交换纤维素为开放的长链骨架，大分子物质能自由地在其中扩散和交换，亲水性强，表面积大，易吸附大分子；交换基团稀疏，对大分子的实际交换容量大；吸附力弱，交换和洗脱条件缓和，不易引起变性；分辨力强，能分离复杂的生物大分子混合物。

根据连接于纤维素骨架上的活性基团的性质，离子交换纤维素可分为阳离子交换纤维素和阴离子交换纤维素两大类。每大类又可分为强酸(碱)型、中强酸(碱)型、弱酸(碱)型3类。常用的离子交换纤维素有二乙氨基乙基纤维素、三乙氨基乙基纤维素、羧甲基纤维素等。

(2)葡聚糖凝胶离子交换剂。葡聚糖凝胶离子交换剂又称为离子交换交联葡聚糖，是将活性交换基团连接于葡聚糖凝胶上制成的各种交换剂。由于交联葡聚糖具有一定孔隙的三维结构，所以兼有分子筛的作用。它与离子交换纤维素不同的地方，还有电荷密度、交换容量较大，膨胀度受环境 pH 值及离子强度的影响也较大。

葡聚糖凝胶离子交换剂命名时将交换活性基团写在前面，然后写骨架(Sephadex 或 Sepharose)，最后写原骨架的编号。为使阳离子交换剂与阴离子交换剂便于区别，在编号前添一字母"C"(阳离子)或"A"(阴离子)。该类交换剂的编号与其母体(载体)凝胶相同。如载体 sephadexG-25 构成的离子交换剂有 CM-SephadexC-25、DEAE-SephadexA-25 及 QAE-SephadexA-25 等。

离子交换交联葡聚糖在使用方法和处理上与离子交换纤维素相近。一般来说，其化学稳定性较母体略有下降，在不同溶液中的胀缩程度较母体大一些。

5.4 影响吸附的因素

固体在溶液中的吸附比较复杂，影响因素也较多，主要有吸附剂、吸附质、溶剂的性质及吸附过程的具体操作条件等。

5.4.1 吸附剂的性质

一般要求吸附剂的吸附容量大、吸附速率快和机械强度高。吸附容量除与外界条件有关外，主要与吸附剂的比表面积有关，比表面积越大，空隙度越高，吸附容量越大。吸附速率主要与颗粒度和孔径分布有关，颗粒度越小，吸附速率越快。孔径适当，有利于吸附物向空隙中扩散，所以在吸附分子量大的物质时，应选择孔径大的吸附剂；在吸附分子量小的物质时，则应选择比表面积大及孔径较小的吸附剂。

5.4.2 吸附质的性质

根据吸附质的性质可以预测相对吸附量的大小，主要有以下几条规律。

(1)能使表面张力降低的物质，易为表面所吸附，也就是说固体的表面张力越小，液体被固体吸附得越多。

(2)溶质从较易溶解的溶剂中被吸附时，吸附量较少。

(3)极性物质易被极性吸附剂所吸附，非极性物质易被非极性吸附剂所吸附。极性吸附剂适宜从非极性溶剂中吸附极性物质，而非极性吸附剂适宜从极性溶剂中吸附非极性物质。

(4)对于同系列物质，排序越靠后的物质，极性越差，越易被非极性吸附剂所吸附。例如，活性炭是非极性的，在水溶液中是一些有机化合物的良好吸附剂；硅胶是极性的，其在有机溶剂中吸附极性物质较为适宜。

特定的吸附剂在某一溶剂中对不同溶质的吸附能力是不同的。例如，活性炭在水溶液中对同系列有机化合物的吸附量，随吸附质分子量增大而加大；吸附脂肪酸时吸附量随碳链增长而加大；对多肽的吸附能力大于氨基酸；对多糖的吸附能力大于单糖等。当用硅胶在非极性溶剂中吸附脂肪酸时，吸附量则随碳链的增长而减小。

5.4.3 吸附物浓度与吸附剂用量

由吸附等温线方程可知，在稀溶液中吸附质的吸附量与其浓度的一次方成正比；而在中等浓度的溶液中吸附量与浓度的二次方成正比。在吸附达到平衡时，吸附质的浓度称为平衡浓度。普遍的规律是吸附质的平衡浓度越大，吸附量也越大。用活性炭脱色和去热原时，为了避免吸附有效成分，往往将料液适当稀释后进行。当用吸附法对蛋白质或酶进行分离时，常要求其浓度在1%以下，以增强吸附剂对吸附质的选择性。

从分离提纯的角度考虑，还应考虑吸附剂的用量。若吸附剂用量过多，会导致成本增高、吸附选择性差及有效成分的损失等。所以，吸附剂的用量应综合各种因素，用试验来确定。

5.4.4 吸附操作条件

(1)温度。吸附一般是放热的，所以只要达到了吸附平衡，升高温度会使吸附量降低。但在低温时，有些吸附过程往往在短时间内达不到平衡，而升高温度会使吸附速率加快，并出现吸附量增加的情况。对蛋白质或酶类的分子进行吸附时，被吸附的高分子处于伸展状态，因此这类吸附是一个吸热过程。在这种情况下，温度升高会增加吸附量。

此外，生化物质吸附温度的选择，还要考虑它的热稳定性。对酶来说，如果是热不稳定的，一般在0℃左右进行吸附；如果比较稳定，则可在室温下操作。

(2)溶液pH值。溶液的pH值往往通过影响吸附剂或吸附质解离，进而影响吸附量，对蛋白质或酶类等两性物质，一般在等电点附近吸附量最大。各种溶质吸附的最佳pH值需通过试验确定。例如，有机酸类溶于碱，胺类物质溶于酸，所以有机酸在酸性条件下，胺类在碱性条件下较易被非极性吸附剂所吸附。

（3）盐的浓度。盐类对吸附作用的影响比较复杂，有些情况下盐能阻止吸附，如在低浓度盐溶液中吸附的蛋白质或酶，常用高浓度盐溶液进行洗脱。但在另一些情况下盐能促进吸附，甚至有的吸附剂一定要在盐存在的条件下，才能对某种吸附物进行吸附。例如，硅胶对某种蛋白质吸附时，硫酸铵的存在，可使吸附量增加许多倍。正是因为盐对不同物质的吸附有不同的影响，盐的浓度对于选择性吸附很重要，在生产工艺中也要靠试验来确定合适的盐浓度。

5.5　影响离子交换速率的因素

影响离子交换速率的因素很多，主要有交联度、颗粒度、温度、离子价态和离子半径、离子浓度和搅拌速率等。

（1）交联度。交联度表示离子交换树脂中交联剂的含量。交联度大，则树脂孔径小，离子扩散阻力大，交换速率低；交联度小，树脂内部的网孔相对大，扩散就较容易。

（2）颗粒度。一般情况下，颗粒度大，交换速率慢，所以减小颗粒度有利于提高交换速率。

（3）温度。温度升高，离子内、外扩散速率都将加快，交换速率加快。

（4）离子价态和离子半径。离子在树脂中扩散时，离子价态越高，与带相反电荷的活性基团的库仑引力就越大，扩散速率就越小。离子半径越小，交换速率越快，而半径大的分子在树脂中的扩散速率很慢。

（5）离子浓度。一般情况下，交换速率随溶液浓度的增加而增大。

（6）搅拌速率。在一定范围内，搅拌会加速交换速率，只影响外扩散速率，基本不影响内扩散速率。

5.6　吸附分离设备

常用的吸附分离设备有固定床吸附器、膨胀床吸附器和流化床吸附器等。

5.6.1　固定床吸附器

固定床吸附器是应用最广泛的吸附设备，将吸附剂填充于固定床（填充床，可直立或平放）内，待分离的混合物按一定方向流入床层，充分吸附后，吸附质需先用不同 pH 值的水或溶剂洗涤，然后洗脱收集。其可分为立式和卧式两种，如图 1-2-2 所示。

固定床吸附器的优点是结构简单、造价低，吸附剂磨损少；但也存在吸附剂用量大、吸附剂层导热差造成的局部床层过热、床层压降大、吸附剂颗粒容易破碎堵塞床层、无法处理含颗粒的混合物、只能间歇操作等缺点。

5.6.2　膨胀床吸附器

膨胀床吸附器与传统固定床吸附器的区别在于：膨胀床的床层上部安装可调节床层高度的调节器，当待分离混合物从床底以一定流速输入时，吸附剂床层产生膨胀，高度调节器上升。膨胀床状态下床层高度一般为固定床状态的 2～3 倍，床层空隙率高，允许菌体细胞或细胞碎片自由通过。因此，膨胀床吸附最大的优点是可以直接处理菌体发酵液或细胞匀浆液，回收其中的目标产物尤其是生物大分子，从而可省去离心或过滤等预处理过程，提高目标产物收率，降低分离纯化成本。膨胀床底部的液体分布器对床层内流体的流动影响较大，应使混合物中的固体顺利通过，又能有效地截留较小的介质颗粒(图 1-2-3)。

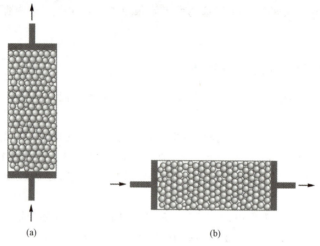

(a)   (b)

图 1-2-2   固定床吸附器示意

（a)立式；（b)卧式

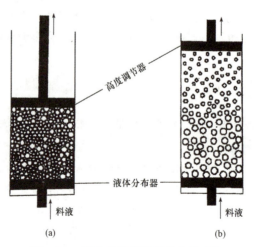

(a)   (b)

图 1-2-3   固定床和膨胀床状态的比较

（a)固定床；（b)膨胀床

5.6.3   流化床吸附器

流化床内的吸附粒子呈流化状态，与液体在床层内混合程度高，但吸附效率低；而膨胀床的吸附粒子基本悬浮于固定的位置，液体的流动与固定床相似，接近平推流，吸附效率高。流化床吸附器如图 1-2-4 所示。

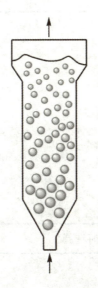

图 1-2-4 流化床吸附器

使用流化床吸附的优点是容易连续操作、床层压降小、可处理高黏度或含固体微粒的混合液；缺点是床内物料返混剧烈，吸附剂磨损严重，吸附剂的利用率远低于固定床和膨胀床。

任务实施

1. 吸附分离法的类型有哪些?

2. 吸附分离常用的吸附剂有哪些？

3. 离子交换剂的类型有哪些及如何选择？

4. 膨胀床吸附器与固定床、流化床吸附器的区别是什么？

案 例 分 析

案例5 吸附法分离大豆异黄酮

一、试验目的

(1)了解大孔吸附树脂的使用方法。

(2)掌握利用大孔吸附树脂的静态和动态吸附分离操作。

(3)掌握大孔吸附树脂的洗脱方法。

(4)学习吸附等温曲线、吸附动力学曲线和洗脱曲线的测定方法。

二、试验原理

大孔吸附树脂是一种具有大孔结构的有机高分子共聚体,是一类人工合成的有机高聚物吸附剂。因其多孔性结构而具有筛选性,又通过表面吸附、表面电性或形成氢键而具有吸附性。一般为球形颗粒状,粒度多为260目。大孔吸附树脂有非极性、弱极性(中等极性)、强极性之分。吸附分离依据相似相溶的原则,一般非极性树脂适用于从极性溶剂中吸附非极性有机物质,相反强极性树脂适用于从非极性溶剂中吸附极性溶质,而中等极性吸附树脂,不但能从非水介质中吸附极性物质,也能从极性溶液中吸附非极性物质。

大孔吸附树脂吸附技术广泛应用于制药及天然植物中活性成分(如皂苷、黄酮、内脂、生物碱等大分子化合物)的提取分离以及维生素和抗生素的提纯、化学制品的脱色、医院临床化验和中草药化学成分的研究等。它具有吸附快、解吸率高、吸附容量大、洗脱率高、树脂再生简便等优点。

三、试剂及仪器

(1)仪器:紫外可见分光光度计、电子天平、恒温水浴振荡器、玻璃层析柱、恒流泵。

(2)试剂:AB-8大孔吸附树脂、大豆异黄酮、无水乙醇、盐酸、氢氧化钠。

四、试验步骤

1. 树脂的预处理

用95%乙醇浸泡AB-8树脂24 h后,用去离子水洗至中性。然后用5%HCl溶液浸泡3 h,用去离子水洗至中性;再以5%NaOH溶液浸泡3 h,水洗至中性后备用。

2. 大豆异黄酮的定量检测方法

配制20 μg/mL的芸香叶苷/乙醇标准溶液,分别取0.1 mL、0.2 mL、0.3 mL、0.4 mL、0.5 mL、0.6 mL、0.7 mL的上述溶液,加水稀释至5 mL。采用紫外可见分光光度法,在261 nm处测定吸光度,绘制标准曲线。

3. 动态吸附试验

在玻璃层析柱中装填10 g湿树脂,加入1%的大豆异黄酮溶液,流速$v=20$滴/min,用离心管以每4 mL为一个收集单位,收集10~15管,测定每个收集管中大豆异黄酮的浓度c,以流出液体积为横坐标、c为纵坐标绘制穿透曲线。根据收集液中大豆异黄酮的质量，计算树脂的动态吸附量。如果以 $c=0.05$ 所用的时间为穿透时间，计算理论上样体积。

4. 动态洗脱试验

对上述完成动态吸附的树脂柱静置 30 min，后用 20 mL 去离子水淋洗，测定水洗流出液中大豆异黄酮的含量。然后用 70% 的乙醇以 20 滴/min 的流速洗脱。每 4 mL 为一个收集单位，收集 10 管洗脱液，分别测定每管洗脱液中大豆异黄酮的浓度，以洗脱剂的体积为横坐标、收集的洗脱液浓度为纵坐标绘制动态解吸曲线。计算解吸的大豆异黄酮的质量，并根据动态吸附量计算解吸率。

五、试验数据及处理

参考数据结果如图 1-2-5 所示。

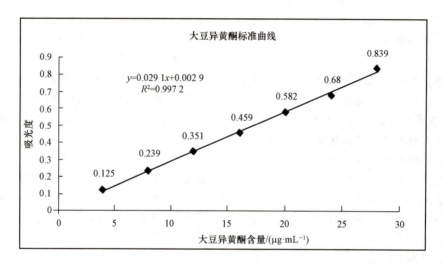

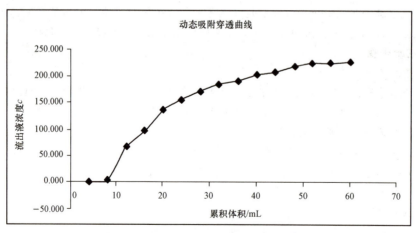

图 1-2-5　吸附法分离大豆异黄酮参考数据

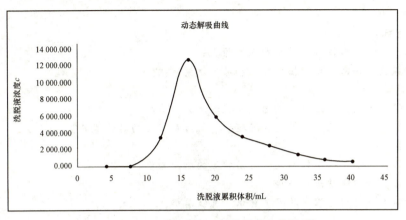

图 1-2-5 吸附法分离大豆异黄酮参考数据 (续)

 巩 固 练 习

一、名词解释

吸附分离技术

离子交换技术

固定床吸附器

膨胀床吸附器

大孔吸附树脂

二、简答题

1. 简述吸附分离法的定义和特点。

2. 膨胀床吸附器的优点是什么?

3. 离子交换树脂的组成有哪些?

4. 影响离子交换树脂选择性的因素有哪些?

任务6 沉淀技术

情景描述

沉淀是指任何均相流体中析出固体的过程。沉淀技术的使用可以达到以下目的:去除目的产物中的杂质;对目的产物进行浓缩,将纯化后的液态目标产物形成固态。因此,经过沉淀后,有利于样品的进一步纯化和储藏。沉淀法具有简单、经济和浓缩倍数高的优点,广泛用于生物产品的提取。

学习目标

知识目标：

1. 熟悉沉淀分离技术的种类和基本原理；
2. 掌握沉淀分离技术的操作方法和操作注意事项。

能力目标：

1. 能够根据生物产品的特性选用合适的沉淀分离技术；
2. 能够进行盐析沉淀、等电点沉淀和有机溶剂沉淀的具体操作。

素质目标：

1. 具备认真细致的工作态度、主动学习的职业素养；
2. 具备良好的团结协作精神；
3. 培养设备使用过程中的安全意识、责任意识。

任务导学

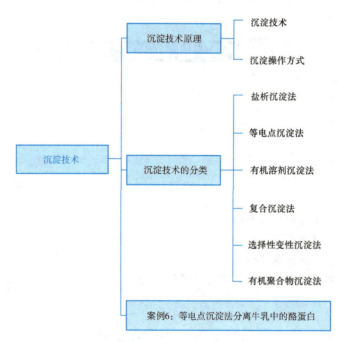

知识链接

6.1　沉淀技术原理

6.1.1　沉淀技术

沉淀是利用沉淀剂使需要提取的生物产品或杂质在溶液中的溶解度降低而形成无定形固体沉淀的过程。沉淀技术不仅适用于抗生素、有机酸等小分子物质，在蛋白质、酶、多肽、核酸和其他细胞组分的回收与分离中应用得更多。沉淀操作常在发酵液经过滤或离心

（除去不溶性杂质及细胞碎片）以后进行，得到的沉淀物可直接干燥制得成品或经进一步提纯，如透析、超滤、色谱或结晶制得高纯度生化产品。

6.1.2 沉淀操作方式

沉淀操作方式可分为连续法和间歇法两种。当规模较小时，常采用间歇法。无论采用哪一种方式，操作步骤通常按3步进行：第一，加入沉淀剂；第二，进行沉析物的陈化，促进粒子生长；第三，离心或过滤，收集沉淀物。加沉淀剂的方式和陈化条件对产物的纯度、收率和沉淀物的形状都有很大的影响。

6.2 沉淀技术的分类

沉淀分离的方法主要有盐析沉淀法、等电点沉淀法、有机溶剂沉淀法、复合沉淀法、选择性变性沉淀法等（表1-2-3）。对于小分子生物产品常采用等电点沉淀或形成复盐沉淀，如抗生素可采用等电点或尿素复盐沉淀法提取，苹果酸、枸橼酸和乳酸都采用钙盐沉淀法提取；对于蛋白质（酶）等大分子生物产品则常采用盐析、有机溶剂、等电点及某些沉淀剂的沉淀方法。

表1-2-3　常用的沉淀分离方法

沉淀分离方法	分离原理
盐析沉淀法	高浓度中性盐使目的产物的溶解度降低，析出
等电点沉淀法	两性电解质在等电点时溶解度最低，析出
有机溶剂沉淀法	目的产物与杂质在有机溶剂中的溶解度不同而析出
复合沉淀法	加入某物质与目的产物形成复合物沉淀下来，析出
选择性变性沉淀法	选择一定条件使杂质变性沉淀，析出

6.2.1 盐析沉淀法

盐析沉淀法简称盐析法，是利用产物在不同的盐浓度条件下溶解度不同的特性，通过添加一定浓度的中性盐，使目的产物或杂质形成沉淀从溶液中析出，从而使产物与杂质分离的方法。盐析法是在蛋白酶的分离纯化中应用最早，至今仍在广泛使用的方法。

（1）原理。溶液加入高浓度中性盐后，盐离子与生物分子表面的带相反电荷的离子基团结合，中和了生物分子表面的电荷，降低了生物分子与水分子之间的相互作用，生物分子表面水化膜逐渐被破坏，当盐浓度达到一定的限度时，生物分子之间的排斥力降到很小，此时生物分子很容易相互聚集，在溶液中的溶解度降到很低，从而形成沉淀从溶液中析出。产生盐析的另一个原因是大量盐离子自身的水合作用降低了自由水的浓度，使生物分子脱去了水化膜，暴露出疏水区域，疏水区域的相互作用，使其沉淀析出。

（2）影响盐析的因素。

1）盐离子浓度。在低盐浓度时，盐离子浓度能增加生物分子表面电荷，使生物分子水合作用增强，具有促进溶解的作用，称为盐溶现象。当盐浓度达到一定值后，盐浓度升高，生物分子溶解度不断降低，产生了盐析作用，不同的生物分子，"盐溶"与"盐析"的分界值不同。盐溶与盐析作用原理如图1-2-6所示。

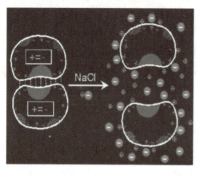
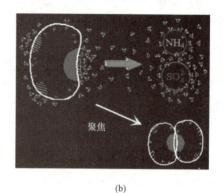

(a)　　　　　　　　　　　　　　　　(b)

图 1-2-6　盐溶与盐析作用原理

(a)破坏分子引力，使其分散溶于水中；(b)蛋白质脱去水化层而聚集沉淀

2)生物分子种类。生物分子的分子结构不同，其分子表面亲水基团与疏水基团不同，不同生物分子产生盐析现象所需中性盐的浓度(离子强度)也不同。

3)生物分子浓度。溶液中生物分子的浓度对盐析的效果有很大的影响，要得到理想的沉析效果，必须将生物分子的浓度控制在一定的范围内。一般对于蛋白质溶液，其浓度为2%～3%比较合适。

4)pH 值。在盐析时，如果要沉淀某一成分，应将溶液的 pH 值调整到该成分的等电点，如果希望某一成分保留在溶液中不析出，则应使溶液的 pH 值偏离该成分的等电点。

5)温度。多数物质的溶解度会受温度变化的影响。

6.2.2　等电点沉淀法

调节溶液的 pH 值，以达到某一产物的等电点，使其从溶液中沉淀析出而实现分离的方法称为等电点沉淀法。

(1)原理。等电点(pI)是两性物质在其质点的净电荷为零时介质的 pH 值，溶质净电荷为零，分子间排斥电位降低，吸引力增大，能相互聚集起来，沉淀析出，此时溶质的溶解度最低。调节溶液的 pH 值，使产物或杂质沉淀析出，从而达到分离纯化的目的。

(2)应用。主要用于两性物质的沉淀，如氨基酸、蛋白质等生物大分子，由于此种方法易引起共沉淀，因此较少单独使用，常与其他沉淀法共同使用。例如，等电点沉淀法经常与盐析沉淀法、有机溶剂沉淀法和复合沉淀法等一起使用。有时单独使用等电点沉淀法，主要是用于从粗提液中除去某些等电点相距较大的杂蛋白。在加酸或加碱调节 pH 值的过程中，要一边搅拌一边慢慢加入，以防止局部过酸或过碱引起的产物变性失活。

6.2.3　有机溶剂沉淀法

利用目的产物与其他杂质在有机溶剂中的溶解度不同，添加一定量的某种有机溶剂，使产物或杂质沉淀析出，进而使产物与杂质分离的方法称为有机溶剂沉淀法。其可广泛用于蛋白质和酶、多糖、核酸及生物小分子的分离纯化过程。

（1）原理。

1）亲水性有机溶剂本身的水合作用降低了自由水的浓度，使溶质分子周围的水化层变薄，导致脱水而相互聚集沉淀，也就是降低了溶质的溶解度。

2）有机溶剂的介电常数比水小，加入有机溶剂后，整个溶液的介电常数降低，带电的溶质分子之间库仑引力增强，使溶质分子相互吸引而聚集。

（2）影响有机溶剂沉淀的因素。

1）温度。大多数生物大分子（如蛋白质、酶和核酸）在有机溶剂中对温度特别敏感，温度稍高就会引起变性，且有机溶剂与水混合时产生放热反应，因此，有机溶剂必须预先冷至较低温度，一般在 0 ℃ 以下，操作时要在冰盐浴中进行，加入有机溶剂必须缓慢，并不断搅拌以免局部浓度过浓。温度越低，得到的生物活性物质越多，而且可以减少有机溶剂的挥发。

2）生物样品的浓度。与盐析相似，样品浓度低时增加了有机溶剂的投入量和损耗，降低了溶质回收率，易产生稀释变性，但共沉淀的作用小，有利于提高分离效果。反之，对于高浓度的生物样品，节省了有机溶剂，减少了变性的危险，但共沉淀作用大，分离效果下降。一般认为，对于蛋白质溶液 0.5%～2% 起始浓度较合适，对于黏多糖溶液 1%～2% 起始浓度为宜。

3）pH 值。有机溶剂沉淀时适宜的 pH 值，要选择在样品稳定的 pH 值范围内，而且尽可能选择样品溶解度最低的 pH 值，通常选择在等电点附近，以提高该沉淀的分辨能力。但应注意的是，有少数生物分子在等电点附近不稳定，影响其活性；同时，尽量避免目的物与杂质带相反电荷而加剧共沉淀现象的发生。

4）离子强度。在有机溶剂和水的混合液中，当离子强度很小，物质不能沉淀时，补加少量电解质即可解决。盐的浓度太大（0.1 mol/L 以上）时，就需大量的有机溶剂来沉淀，并可能使部分盐在加入有机溶剂后析出。同时盐的离子强度达一定程度时，还会增加蛋白质或酶在有机溶剂中的溶解度。所以，一般离子强度在 0.05 mol/L 或稍低为好，既能使沉淀迅速形成，又能对蛋白质或酶起到一定的保护作用，防止变性。

5）金属离子。在用有机溶剂沉淀生物高分子时还应注意到某些金属离子的助沉作用，一些金属离子如 Zn^{2+}、Ca^{2+} 等可与某些呈阴离子状态的生物高分子形成复合物。这种复合物的溶解度大大降低而不影响生物活性，有利于沉淀形成，并降低有机溶剂的耗量，0.005～0.02 mol/L 的 Zn^{2+} 可使有机溶剂用量减少 1/3～1/2，使用时要避免会与这些金属离子形成难溶盐的阴离子（如磷酸根）的存在。

6.2.4　复合沉淀法

在目的产物溶液中加入某些物质，使其与产物形成复合物而沉淀，从而使产物与杂质分离的方法称为复合沉淀法。分离出复合沉淀后，有的可以直接应用，如菠萝蛋白酶用单宁沉淀法得到的单宁菠萝蛋白酶复合物可以制成药片，用于治疗咽喉炎等。也可以再用适当的方法，使产物从复合物中析出而进一步纯化。

常用的复合沉淀剂有单宁、聚乙二醇、聚丙烯酸等高分子聚合物。

6.2.5 选择性变性沉淀法(热变性沉淀和酸碱变性沉淀)

(1)原理。利用蛋白质、酶与核酸等生物大分子对某些物理或化学因素敏感性不同,而有选择地使之变性沉淀,以达到目的产物与杂蛋白分离的方法,称为选择性变性沉淀法。例如,对于热稳定性好的酶,如 α-淀粉酶等,可以通过加热进行热处理,使大多数杂蛋白受热变性沉淀而被除去。此外,还可以根据酶和所含杂质的特性,通过改变 pH 值或加入某些金属离子等使杂蛋白变性沉淀而除去。

(2)应用。由于选择性变性沉淀法是使杂质变性沉淀,而又要对目的产物没有明显影响,所以在应用该法之前,必须对欲分离的产物及溶液中的杂蛋白等杂质的种类、含量及其物理、化学性质有比较全面的了解。

6.2.6 有机聚合物沉淀法

有机聚合物沉淀法常以 PEG(聚乙二醇)作为沉淀剂,是发展较快的一种新方法。

(1)原理。利用生物分子与某些有机聚合物形成沉淀而析出的分离方法称为有机聚合物沉淀法。

(2)应用。非离子型聚合物最早在 20 世纪 60 年代时被用来沉淀分离血纤维蛋白原、免疫球蛋白和沉淀一些细菌与病毒,近年来广泛用于核酸和酶的分离纯化。

任务实施

1. 沉淀分离的方法有哪些?其分离原理各是什么?

2. 什么是盐析?常用于盐析沉淀的中性盐有哪些?

3. 有机溶剂沉淀法的原理是什么？影响有机溶剂沉淀的因素有哪些？

4. 什么是等电点？等电点沉淀法的原理是什么？

5. 常用的复合沉淀剂有哪些？

案 例 分 析

案例6　等电点沉淀法分离牛乳中的酪蛋白

一、试验目的

(1)学习从牛奶中分离制备酪蛋白的原理和方法。

(2)掌握等电点沉淀法提取蛋白质的操作技术。

二、试验原理

牛乳中主要的蛋白质是酪蛋白，含量约为 35 g/L。酪蛋白是一些含磷蛋白质的混合物，等电点为 4.7。利用等电点时溶解度最低的原理，将牛乳的 pH 值调至 4.7 时，酪蛋白就沉淀出来。用乙醇等洗涤沉淀物，除去脂类杂质后便可得到纯的酪蛋白。

三、所用材料、试剂与仪器

(1)材料：新鲜牛奶。

(2)试剂：95%乙醇、无水乙醚、0.4 mol/L pH＝4.4 醋酸—醋酸钠缓冲液、乙醇—乙醚混合液。

(3)仪器：离心机、抽滤装置、精密 pH 试纸或酸度计、恒温水浴锅、温度计。

四、试验步骤

1. 粗提

50 mL 牛奶(预热至 40 ℃)→边搅拌边缓慢加入醋酸—醋酸钠缓冲液(40 ℃)→调至 pH 值为 4.7→冷却至室温→离心 3 500 r/min 15 min→弃掉清液→酪蛋白粗品。

2. 纯化

酪蛋白粗品→水洗(重复 1～3 次)→离心 3 500 r/min 15 min(重复 1～3 次)→弃掉清液→乙醇洗涤→抽滤→乙醇—乙醚洗涤(漏斗中进行)→乙醚洗涤两次(漏斗中进行，最后一次洗涤时不要搅拌)→酪蛋白纯品→风干、称重。

五、试验结果

计算牛奶中酪蛋白的含量和得率，并分析影响酪蛋白得率的因素。

酪蛋白的含量[g/(100 mL)]＝w/(50×100)，其中 w 为提取出的酪蛋白的质量。

$$酪蛋白的得率(\%)＝实际含量/理论含量×100\%$$

六、试验注意事项

(1)由于本试验是应用等电点沉淀法来分离蛋白质，所以调节牛奶液的等电点时务必要做到准确。

(2)乙醚是挥发性、有毒的有机溶剂，最好在通风橱内操作。

(3)目前市面上出售的牛奶是经加工的奶制品，所以计算时应按产品的相应指标进行计算。

(4)醋酸—醋酸钠缓冲液预热时间不能过长,否则醋酸挥发会影响缓冲液的 pH 值,从而影响等电点的调节。

巩固练习

一、名词解释

沉淀分离

盐析

等电点

等电点沉淀法

二、简答题

1. 沉淀分离法的基本原理是什么?沉淀分离的方法有哪些?

2. 盐析和盐溶如何控制?

3. 盐析的影响因素有哪些?

4. 在用有机溶剂沉淀生物高分子时加入某些金属离子起什么作用?

任务7　膜分离技术

▌情景描述

　　膜分离技术是指利用膜的选择性,以膜的两侧存在一定的能量差作为推动力,由于溶液中各组分透过膜的迁移率不同而实现物质的分离。膜分离操作属于速率控制的传质过程,兼有分离、浓缩、纯化和精制的功能,又有设备简单、可在室温或低温下操作、无相变、处理效率高、节能、环保等优点,适用于热敏性的生物产品的分离纯化。其已广泛用于生物工程、食品、医药、化工等工业生产及水处理等各个领域。

▌学习目标

　　知识目标:

　　1. 了解膜的定义和种类;

　　2. 熟悉膜分离过程及膜分离技术的特点;

　　3. 掌握膜分离技术的分类;

　　4. 掌握常用的分离膜和膜分离设备。

　　能力目标:

　　1. 能够进行微滤、超滤、反渗透的操作;

　　2. 能够合理选择分离膜和膜分离技术;

　　3. 能够使用常用的膜分离设备进行分离操作。

素质目标：

1. 具备遵纪守法、踏实肯干的职业素养；
2. 具备严谨的科学态度和追求探索的精神品质；
3. 树立安全意识、环保意识。

任务导学

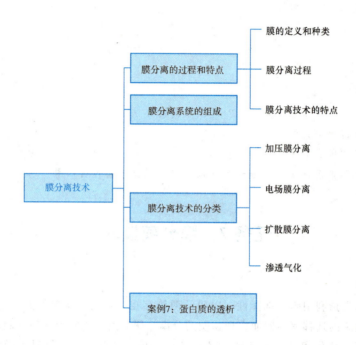

知识链接

7.1　膜分离的过程和特点

7.1.1　膜的定义和种类

1. 膜的定义

膜是一种分子级具有分离过滤作用的介质，当溶液或混合气体与膜接触时，在压力、电场或温差作用下，某些物质可以透过膜，而另一些物质被选择性地拦截，从而使溶液中不同组分，或混合气体的不同组分被分离。一种通用的广义定义是"膜"为两相之间的一个不连续区间。因而，膜可为气相、液相和固相，或是它们的组合。简单来说，膜是分隔开两种流体的一个薄的阻挡层。描述膜传递速率的膜性能是膜的渗透性(图 1-2-7)。

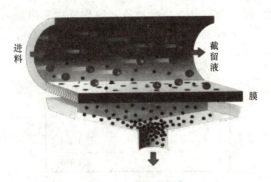

图 1-2-7　透析液膜

以常见的超滤过程为例，分离机理主要为筛分：膜表面有微孔，流体流经膜一侧的表面时，部分较小的分子随部分溶剂穿过膜到达另一侧，形成透析液，而大分子被截留在原来的一侧，形成截留液，从而达到将大分子溶质与小分子溶质及溶剂分离开的目的。人们只要选择合适孔径的膜，就可以进行所需的分子级分离。

2. 膜的种类

分离膜包括反渗透膜（0.000 1～0.001 μm）、纳滤膜（0.001～0.01 μm）、超滤膜（0.01～0.1 μm）、微滤膜（0.1～10 μm）、电渗析膜、渗透气化膜、液体膜、气体分离膜、电极膜等。它们对应不同的分离机理、不同的设备，有不同的应用对象。膜本身可以由聚合物，或无机材料，或液体制成，其结构可以是均质的或非均质的，多孔的或无孔的，固体的或液体的，荷电的或中性的。膜的厚度可以薄至 100 μm，厚至几毫米。不同的膜具有不同的微观结构和功能，需要采用不同的方法制备。

膜按微观结构可分为对称膜、不对称膜、复合膜、多层复合膜等；按宏观结构可分为平板膜、卷式膜、管式膜、毛细管膜、中空纤维膜等。

无论在实验室还是工业规模的生产中，膜都被制成一定形式的组件作为膜分离装置的分离单元。在工业上应用并实现商品化的膜组件主要有平板式、圆管式、螺旋卷式和中空纤维式，相应的膜的几何形状可分为平板形、管形、毛细管形和中空纤维形。后三种皆为管状膜，它们的差别主要是直径不同：直径＞10 mm 的为管形膜；直径为 0.5～10 mm 的为毛细管形膜；直径＜0.5 mm 的为中空纤维形膜。管状膜直径越小则单位体积内的膜面积越大。

7.1.2　膜分离过程

膜分离过程是用具有选择透过性的天然或合成薄膜为分离介质，在膜两侧推动力（如压力差、浓度差、电位差、温度差等）作用下，液体混合物或气体混合物中的某些组分选择性地透过膜，使混合物达到分离、分级、提纯、富集和浓缩的过程。通常，将膜原料侧称为膜上游侧，透过侧称为膜下游侧。

如图 1-2-8 所示，与传统过滤分离方式为死端过滤不同，膜分离大多采用错流过滤，即流体一进二出，流动方向与膜表面平行，削薄膜面的浓差极化层、减小过滤阻力，膜面不易堵塞，过滤速度较快。混合物被分成两股物流，即截留物和渗透物，这两股物流均可以是产物。目的为浓缩时，收集截留物；目的是纯化或分离时，截留物和渗透物都有可能是需要收集的产物。

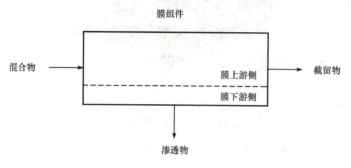

图 1-2-8　膜分离过程示意

7.1.3　膜分离技术的特点

膜分离技术在生物产品的提取、分离与纯化过程中发挥着重要的作用，它与传统过滤的不同在于，膜可以在分子范围内进行分离，并且具有以下优点：

(1)通常无相态变化，只需电能驱动，能耗低；

(2)在室温或低温条件下操作，适用于热敏性物质(如抗生素、酶、蛋白质等)的分离；

(3)典型的物理分离过程，不需要添加化学试剂和添加剂，产品不受污染；

(4)膜性能可调节，通过选择合适的膜性能和操作参数可得到较高的回收率；

(5)设备易于放大，处理规模可调节；

(6)膜组件结构紧凑，操作方便，易于自控和维修；

(7)系统可密闭循环，可实现连续分离，防止外来污染；

(8)易与其他分离纯化技术相结合，使分离效率提高。

同时，膜分离技术也有局限性，如存在浓差极化和膜污染，需要定期清洗膜面；膜寿命有限，其耐药性、耐热性、耐溶剂能力都有限，所以应用受限；单独采用膜分离效果有限，需要与其他分离技术组合使用；膜材料往往价格高，应用时要从技术和经济可行性上综合考虑。

7.2　膜分离系统的组成

目前，常见的膜分离过程以压力差为驱动力，以错流过滤方式进行，可在常温下进行分子级的过滤分离，是一种物理过程，其间不发生相变。动力由泵提供，流经膜表面时，部分较小的分子透过膜，而大分子被截留。膜分离系统组成及原理如图 1-2-9 所示。

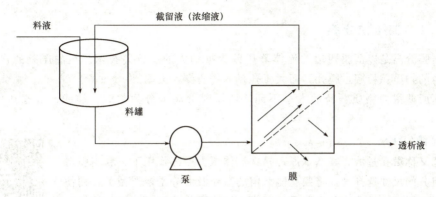

图 1-2-9　膜分离系统组成及原理

7.3　膜分离技术的分类

由于混合物中各组分具有不同的物理化学性质，不同组分与膜之间存在不同的相互作用，从而使各组分通过膜的传质速率不同而得以分离，因此，膜分离过程属于速率差分离过程。为实现组分通过膜的传递，需要对组分施加一定的推动力，如压力差、浓度差、电位差、温度差等。膜的孔径越小，传质阻力越大，如压力差推动的微滤、超滤、纳滤和反渗透，随着滤膜孔径的变小，需要的压力从 0.05 MPa 增加至 10 MPa 才能完成分离操作。在生物产品分离纯化中，常用的膜分离技术见表 1-2-4。

表 1-2-4　常用的膜分离技术比较

类型	传质推动力	膜孔径/μm	压力范围/MPa	截留物	用途
微滤（MF）	压力差	0.05～10	0.01～0.2	细菌、胞体、固形物	固液分离
超滤（UF）	压力差	0.005～0.05	0.1～0.5	蛋白质、多肽、核酸、多糖、病毒	生物大分子纯化，病毒分离
纳滤（NF）	压力差	0.001～0.005	0.5～2.0	多价离子，小分子无机物及有机物	脱盐、浓缩，水质软化
反渗透（RO）	压力差	0.000 2～0.001	1～10	单价离子、生物小分子	脱盐、浓缩，去离子水制备
透析（DS）	浓度差	0.005～0.01	—	生物大分子	脱盐、除变性剂
电渗析（ED）	电位差	离子交换膜	—	生物小分子	脱盐、氨基酸和有机酸分离

7.3.1　加压膜分离

加压膜分离是以薄膜两边的流体静压差为推动力的膜分离技术。在静压差的作用下，小于孔径的物质颗粒穿过膜孔，而大于孔径的物质颗粒被截留。

根据所截留的物质颗粒的大小不同，加压膜分离可分为微滤、超滤、纳滤和反渗透4种。

1. 微滤(MF)

动画：微孔过滤

微滤又称微孔过滤，其基本原理是在流体压力差的作用下，利用膜对被分离组分的尺寸选择性，将膜孔能截留的微粒及大分子溶质截留，而使膜孔不能截留的粒子或小分子溶质透过膜。微滤膜的截留机理因其结构上的差异而不尽相同，如图 1-2-10 所示，大体可分为以下几项：

(1)机械截留作用。膜具有截留比其孔径大或与其孔径相当的微粒等杂质的作用，即筛分作用。

(2)吸附截留作用。膜表面的所荷电性及电位也会影响其对待分离混合物中颗粒物的去除效果。颗粒物一般表面荷负电，膜的表面所带电荷的性质及大小决定其对混合物中颗粒物产生静电力的大小。此外，膜表面力场的不平衡性，也会使膜本身具有一定的物理吸附性能。

(3)架桥作用。粒径大于膜孔的颗粒会在膜的表面形成滤饼层，起到架桥的作用。这样就能使膜将粒径小于膜孔的某些物质截留下来。

(4)网络内部截留作用。对于网络型膜，其截留作用以网络内部截留作用为主。这种截留作用是指将微粒截留在膜的内部，而不是在膜的表面。

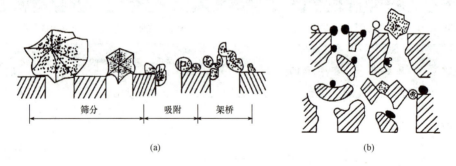

(a)　　　　　　　　　　　　　　　　　　(b)

图 1-2-10　微滤膜不同截留机理

(a)在膜表面截留；(b)在膜内部的网络中截留

随着天然或人工合成的高分子聚合物用于微滤膜的制备，微滤技术得到了广泛的应用。微滤膜的材质可分为有机和无机两大类。有机聚合物有醋酸纤维素、聚丙烯、聚碳酸酯、聚砜、聚酰胺等；无机材料有陶瓷和金属等。对于微滤而言，膜的截留特性以膜的孔径来表征，通常孔径范围为 $0.05\sim10~\mu m$，其中较常使用的是 $0.22~\mu m$，故微滤膜能对大直径的菌体、细胞、悬浮固体等进行分离。也可作为一般料液的澄清、过滤、空气除菌。

2. 超滤(UF)

动画：超滤

超滤也称超过滤，是介于微滤和纳滤之间的一种膜分离，膜孔径为 $0.005\sim0.05\ \mu m$。最早使用的超滤膜是天然动物的脏器薄膜。直至 20 世纪 70 年代，超滤从试验规模的分离手段发展为重要的工业分离单元操作技术。超滤过程通常可以理解成与膜孔径大小相关的筛分过程。以膜两侧的压力差为驱动力，以超滤膜为过滤介质，在一定的压力下，原料液中溶剂和小溶质粒子从高压的料液侧透过膜到低压侧，一般称为滤除液或透过液，而大粒子组分被膜所阻拦，使它们在滤剩液中浓度增大。

UF 的分离机理为筛孔分离过程，但膜表面的化学性质也是影响超滤分离的重要因素。即超滤过程中溶质的截留有在膜表面的机械截留（筛分）、在膜孔中停留而被除去（阻塞）、在膜表面及孔内的吸附（一次吸附）3 种方式。

超滤的工业应用可以分为 3 种类型，即浓缩、小分子溶质的分离、大分子溶质的分级。绝大部分的工业应用属于浓缩。可以采用与大分子结合或复合的办法来分离小分子溶质。

超滤在需要将尺寸较大的分子和微粒与低分子物质或溶剂分离的领域得到了广泛应用，超滤装置可单独运行，也可与其他处理设备结合应用于各种分离过程中。通常，截留分子量范围为 $1\ 000\sim300\ 000\ Da$（道尔顿），故超滤膜能对大分子有机物（如蛋白质、细菌）、胶体、悬浮固体等进行分离，广泛应用于料液的澄清、大分子有机物的分离纯化、除热源。目前，超滤膜除用于工业废水处理、城市污水处理、饮用水的生产、高纯水的制备、生物制剂的提纯及在食品和医药工业外，正在向非水体系的应用发展，无机超滤膜在这一领域有良好的应用前景。

3. 纳滤(NF)

动画：纳滤

纳滤是介于超滤与反渗透之间的一种压力驱动型膜分离技术，其截留分子量为 $80\sim1\ 000\ Da$，膜孔径为 $1\sim5\ nm$，因此称为纳滤。对于纳滤而言，膜的截留特性是以对标准 $NaCl$、$MgSO_4$、$CaCl_2$ 溶液的截留率来表征，通常截留率范围为 $60\%\sim90\%$，故纳滤膜能对小分子有机物等与水、无机盐进行分离，实现脱盐与浓缩的同时进行。

纳滤膜的一个显著特征是膜表面或膜中存在带电基团，因此，纳滤膜分离具有两个特性，即筛分效应和电荷效应。相对分子质量大于膜的截留分子量的物质被膜截留；反之则透过，这就是膜的筛分效应。膜的电荷效应又称为道南(Donnan)效应，以 Donnan 平衡为基础，是指离子与膜所带电荷的静电相互作用。对不带电荷的分子的过滤主要靠筛分效应。利用筛分效应可以将不同相对分子质量的物质分离；而对带有电荷的物质的过滤主要依靠电荷效应。

纳滤膜用于饮用水和工业用水的纯化，废水净化处理，工艺流体中有价值成分的浓缩等方面[其操作压差为 $0.5\sim2.0\ MPa$（或 $0.345\sim1.035\ MPa$）]，以及分子大小为 $1\ nm$ 的溶解组分的分离。由于 NF 膜达到同样的渗透通量所必须施加的压差比用 RO 膜低 $0.5\sim$

3 MPa，故NF膜过滤又称"疏松型（反渗透）RO"或"低压反渗透"。

NF膜与RO膜均为无孔膜，通常认为其传质机理为溶解－扩散方式。但NF膜大多为荷电膜，其对无机盐的分离行为不仅由化学势梯度控制，同时，也受到电势梯度的影响，即NF膜的行为与其荷电性能以及溶质荷电状态和相互作用都有关系。

纳滤（NF）膜具有纳米级的膜孔径、膜上多带电荷等结构特点，因而，主要用于以下几个方面：

（1）不同分子量的有机物质的分离；

（2）有机物与小分子无机物的分离；

（3）溶液中一价盐类与二价或多价盐类的分离；

（4）盐与其对应酸的分离，从而达到饮用水和工业用水的软化，料液的脱色、浓缩、分离、回收等目的。

对Na^+和Cl^-等单价离子的截留率较低，但对Ca^{2+}、Mg^{2+}、SO_4^{2-}等二价离子及除草剂、农药、色素、染料、抗生素、多肽和氨基酸等小分子量（200～1 000 Da）物质的截留率很高，而且水在纳滤膜中的渗透速率远大于反渗透膜，所以，当需要对低浓度的二价离子和分子量在500道尔顿到数千道尔顿的溶质进行截留时，选择纳滤比使用反渗透经济。

4. 反渗透（RO）

反渗透是利用反渗透膜只能透过溶剂（通常是水）而截留离子物质或小分子物质的选择透过性，以膜两侧静压为推动力，而实现对液体混合物分离的膜过程。

动画：反渗透

反渗透（RO）膜的选择透过性与组分在膜中的溶解、吸附和扩散有关，因此除与膜孔的大小、结构有关外，还与膜的化学、物理性质有密切关系，即与组分和膜之间的相互作用密切相关。由此可见，反渗透分离过程中化学因素（膜及其表面特性）起主导作用。反渗透的截留对象是所有的离子，仅使水透过膜，对NaCl的截留率在98%以上，出水为去离子水。反渗透法能够去除可溶性的金属盐、有机物、细菌、胶体粒子、发热物质，也即能截留所有的离子，因此具有产水水质高、运行成本低、无污染、操作方便、运行可靠等诸多优点。

反渗透技术的大规模应用主要是苦咸水和海水淡化，此外，被大量地用于纯水制备及生活用水处理，以及难于用其他方法分离的混合物。其应用主要包括以下几项：

（1）海水和苦咸水脱盐制饮用水；

（2）制备半导体工业、医药、化学工业中所需的超纯水；

（3）用于浓缩过程，包括食品工业中果汁、糖、咖啡的浓缩；电镀和印染工业中废水的浓缩；奶品工业中生产干酪前牛奶的浓缩。

反渗透与纳滤、超滤一样，均是以压力差为驱动力的膜过程，但其传质机理有所不同。一般认为，超滤膜由于孔径较大，传质过程主要为筛分效应；反渗透膜属于无孔膜，其传质过程为溶解－扩散过程（静电效应）；纳滤膜存在纳米级微孔，且大部分荷负电，对无机盐的分离行为不仅受化学势梯度控制，同时，也受电势梯度的影响。

7.3.2   电场膜分离

电场膜分离是在半透膜的两侧分别安装上正、负电极，在电场作用下，小分子的带电物质或离子向着与其本身所带电荷相反的电极移动，透过半透膜，而达到分离的目的。电渗析和离子交换膜电渗析即属于此类。

1. 电渗析（ED）

用两块半透膜将透析槽分隔成3个室，在两块膜之间的中心室通入待分离的混合溶液，在两侧室中装入水或缓冲液并分别连接上正、负电极。接正电极的称为阳极槽；接负电极的称为阴极槽。接通直流电源后，中心室溶液中的阳离子向负极移动，透过半透膜到达阴极槽，而阴离子向正极移动，透过半透膜移向阳极槽，大于半透膜孔径的物质分子则被截留在中心室，从而达到分离。在实际应用时，可由上述相同的多个透析槽连接在一起组成一个透析系统。

渗析时要控制好电压和电流强度，渗析开始的一段时间，由于中心室溶液的离子浓度较高，电压可低些。当中心室的离子浓度较低时，要适当提高电压。

电渗析主要用于酶液或其他溶液的脱盐、海水淡化、纯水制备，以及其他带电荷小分子的分离。也可以将凝胶电泳后的含有蛋白质或核酸等的凝胶切开，置于中心室，经过电渗析，使带电荷的大分子从凝胶中分离出来。

2. 离子交换膜电渗析

离子交换膜电渗析的装置与一般电渗析装置相同，只是以离子交换膜代替一般的半透膜。

离子交换膜的选择透过性比一般半透膜强。一方面它具有一般半透膜截留大于孔径的颗粒的特性；另一方面由于离子交换膜上带有某种基团，根据同性电荷相斥、异性电荷相吸的原理，只让带异性电荷的颗粒透过，而将带同性电荷的物质截留。

离子交换膜电渗析应用于酶液脱盐、海水淡化以及从发酵液中分离柠檬酸、谷氨酸等带有电荷的小分子发酵产物等。

7.3.3   扩散膜分离

扩散膜分离是利用小分子物质的扩散作用，不断透过半透膜扩散到膜外，而大分子被截留，从而达到分离效果。常见的透析就是属于扩散膜分离。

透析膜可用动物膜、羊皮纸、火棉胶或赛璐玢等制成。透析时，一般将半透膜制成透析袋、透析管、透析槽等形式。透析时，欲分离的混合液安装在透析膜内侧，外侧是水或缓冲液。在一定的温度下，透析一段时间，使小分子物质从膜的内侧透出到膜的外侧。必要时，膜外侧的水或缓冲液可以多次或连续更换。

透析主要用于酶等生物大分子的分离纯化，从中除去无机盐等小分子物质。

透析设备简单、操作容易。但是透析时间较长，透析结束时，透析膜内侧的保留液体积较大，浓度较低，难于工业化生产。

7.3.4   渗透气化

渗透气化是利用膜两侧蒸气压差对液体混合物中各组分进行分离的。原则上，渗透气化适用于一切液体混合物的分离，具有一次性分离度高、设备简单、无污染、低能耗等优点，尤其是对于共沸或近沸的混合体系的分离、纯化具有特别的优势，是最有希望取代精馏过程的膜分离技术。

按照形成膜两侧蒸气压差的方法，渗透气化主要有以下几种形式：

（1）减压渗透气化。膜透过侧用真空泵抽真空，以造成膜两侧组分的蒸气压差。在实验室中若不需要收集透过侧物料，用该法最方便。

（2）加热渗透气化。通过料液加热和透过侧冷凝的方法，形成膜两侧组分的蒸气压差。一般冷凝和加热费用远小于真空泵的费用，且操作比较简单，但传质动力比减压渗透气化小。

（3）吹扫渗透气化。用载气吹扫膜的透过侧，以带走透过组分，吹扫气需要经过冷却冷凝，以回收透过组分，载气循环使用。

（4）冷凝渗透气化。当透过组分与水不互溶时，可用低压水蒸气作为吹扫载气，冷凝后水与透过组分分层后，水经过蒸发器蒸发重新使用。

渗透气化与反渗透、超滤及气体分离等膜分离技术的最大区别在于物料透过膜时将产生相变。因此，在操作过程中必须不断加入至少相当于透过物气化潜热的热量，才能维持一定的操作温度。

任务实施

1. 死端过滤和错流过滤的区别是什么？

2. 膜分离技术的原理有哪些？

3. 膜分离技术在工业中有什么应用？

4. 加压膜分离技术的种类有哪些？

5. 电场膜分离、扩散膜分离和渗透气化的区别是什么？

案 例 分 析

案例7　蛋白质的透析

一、试验目的

(1)掌握透析的原理。

(2)学习透析的操作技术。

二、试验原理

透析是膜分离技术的一种，利用透析膜可以选择性地透过一定大小的分子，从而将待分离纯化的物质和杂质离子分离。透析膜是半透膜，蛋白质是大分子物质，它不能透过透析膜，而小分子物质可以自由通过透析膜与周围的缓冲溶液进行溶质交换，进入透析液。

三、试验器材和试剂

(1)器材：磁力搅拌器、透析袋、烧杯、玻璃棒、试管及试管架。

(2)试剂：饱和氯化钠溶液、10%硝酸溶液、1%硝酸银溶液、10%氢氧化钠溶液、1%硫酸铜溶液。

四、试验步骤

(1)透析袋的处理：将透析袋剪成 10～20 cm 的小段，在 2%(W/V) NaHCO$_3$ 和 1 mol/L 的 EDTA(pH＝8.0)中煮沸 10 min，用蒸馏水彻底洗净透析袋，然后放在 1 mol/L 的 EDTA(pH＝8.0)中煮沸 10 min，用蒸馏水彻底洗净透析袋，冷却后，存放于 4 ℃ 的环境中，从此时起取用透析袋，必须戴手套。

(2)装样：取一段透析袋 10～20 cm，将其一端用棉绳扎死，由开口端加入约 5 mL 待透析的样品溶液(蛋白质氯化钠溶液)，开口端用棉绳扎死，放入盛有蒸馏水的烧杯中，系于一横放在烧杯的玻璃棒上。

(3)透析：用磁力搅拌器搅拌促进溶液交换。透析过程中需要更换洗脱溶液数次(约 15 min 一次)，至达到透析平衡为止(洗出液中无 Cl$^-$)，约需 1 h。

(4)检查透析效果：

1)检查氯离子：自烧杯中取 1～2 mL 透析液，加 10%硝酸溶液数滴使之呈酸性，再加入 1%硝酸银 1～2 滴，检查氯离子的存在。

2)检查蛋白质：从烧杯中取 1～2 mL 透析液，做双缩脲反应，检查是否有蛋白质存在。

3)双缩脲反应：加 10%氢氧化钠 1 mL，振荡摇匀，再加 1%硫酸铜溶液 1 滴，振荡，观察是否出现粉红色。

五、试验注意事项

(1)把需要透析的样品盛于透析袋内，袋内留有挤去空气的空余部分，以防止由于溶剂渗入造成样品体积增加而引起透析袋胀破。

（2）为了获得较快的透析速度，常常采取一些措施保持膜两侧浓度差最大，如经常更换透析外液、连续搅动外液等。

 巩 固 练 习

一、名词解释

膜

微滤

超滤

纳滤

反渗透

透析

二、简答题

1. 什么是膜分离技术？有什么特点？

2. 简述微滤、纳滤、反渗透技术的区别与应用。

3. 简述透析的原理及操作步骤。

项目3 产物纯化

经过初步分离后的产物溶液中仍然含有大量与目标产物化学性质相近的杂质，下一步分离纯化的目的是采用选择性高、回收率好的分离操作单元，以进一步提高产品的纯度。常采用色谱分离技术。

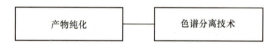

任务8 色谱分离技术

▌情景描述

色谱分离技术又称层析分离技术，是一种分离复杂混合物中各组分的有效方法。它是利用混合物中各组分的物理化学性质的差别，使各组分以不同程度分布在两个相中。其中，一个相为固定的(称为固定相)；另一个相是流动的(称为流动相)。不同物质在由固定相和流动相构成的体系中具有不同的分配系数，当两相做相对运动时，这些物质随流动相一起运动，并在两相间进行反复多次的分配，从而使各物质达到分离。色谱分离技术具有分离效率高、设备简单、操作方便、条件温和、不易造成物质变性等优点，操作方法和条件的多样性使色谱分离能适用于多种物质的提纯。其不足之处是处理量小、操作周期长、不能连续操作。

▌学习目标

知识目标：

1. 理解色谱分离技术的基本原理与分类；
2. 理解色谱分离技术的操作要点和适用范围；
3. 理解色谱分离技术在生物产品分离纯化中的应用。

能力目标：

1. 能够独立完成色谱分离操作；
2. 能够应用各种色谱介质和技术纯化与分析生物产品。

素质目标：

1. 通过团队合作项目，学生能够了解并尊重团队成员，发扬合作精神，增强团队凝聚力；

2. 激发创新能力，提高解决问题的能力。

▌任务导学

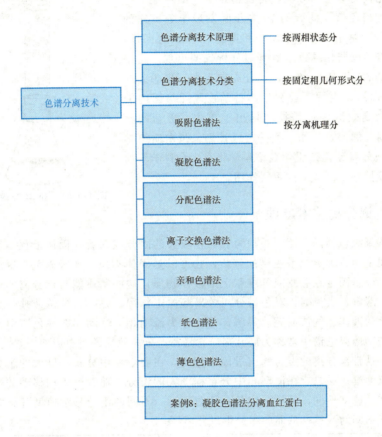

知识链接

　　色谱分离技术是 1903—1906 年由俄国的植物学家茨维特（Tswett M）首先系统提出来的。M. Tswett 将从植物色素提取的石油醚提取液，倒在一根装有碳酸钙（固定相）的玻璃管（色谱柱）顶端，然后用石油醚（流动相）自上而下淋洗，随着淋洗的进行，样品中的各种色素向下移动的速度不同，管内呈现出不同的色带（图 1-3-1），这种连续色带称为色层或色谱。色谱一词也由此得名，这就是最初的色谱分离技术。后来，随着色谱分离技术的发展，其不仅用于分离检测有色物质，也广泛应用于无色物质，但色谱一词仍沿用至今。

　　Tswett 试验结果的产生是在石油醚的不断冲洗下，原来在柱子上端的色素混合液向下移动。由于色素中各组分与碳酸钙的作用力大小不同，作用力小的先流出玻璃管，作用力大的后流出玻璃管，最后将不同色带分离。通过将潮湿的含色素的碳酸钙挤出切下各色带，分别进行分析测定。

　　1952 年，英国学者马丁（Martin）和辛格（Synge）基于他们在分配色谱方面的研究工作，提出了关于气－液分配色谱的比较完整的理论和方法，将色谱技术向前推进了一大步，这是气相色谱在此后的 10 多年间发展十分迅速的原因。1958 年，基于摩尔（Moore）和斯坦（Stein）的工作，离子交换色谱的仪器化导致了氨基酸分析仪的出现，这是近代液相色谱的一个重要尝试，但分离效率尚不理想。20 世纪 90 年代以后，生物工程和生命科学在国际与国内的迅速发展，为高效液相色谱技术提出了更多、更新的分离、纯化、制备的课题，如人类基因级计划，蛋白质组学有 HPLC 做预分离等。21 世纪色谱科学将在生命科学等前沿科学领域发挥它不可代替的重要作用。

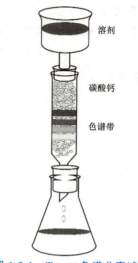

图 1-3-1　Tswett 色谱分离试验

8.1　色谱分离技术原理

　　色谱分离系统包括两个相：一相为表面积较大的固体或附着在固体上且不发生运动的液体，称为固定相。固定相是色谱的基质，它可以是固体物质，如吸附剂、凝胶、离子交换剂等，也可以是固定在硅胶或纤维素上的液体物质，这些基质能与待分离的化合物进行可逆的吸附、溶解、交换等，对色谱分离效果起关键作用。另一相是携带被分离物质朝着一个方向移动的液体、气体或超临界流体等，称为流动相。流动相在柱色谱中常称为洗脱剂，在纸色谱和薄层色谱中常称为展开剂，它是色谱分离效果的重要影响因素之一。

　　当流动相携带被分离的混合物流过固定相时，在固定相中分布程度大的组分，随着流动相移动的速度慢；反之，在流动相中分布程度大的组分，随着流动相移动的速度快。由于不同组分移动速度不同，经过一定的分离时间后，不同的组分移动速度各异并在支持物上集中分布于不同的区域，从而各组分得以分离（图 1-3-2）。

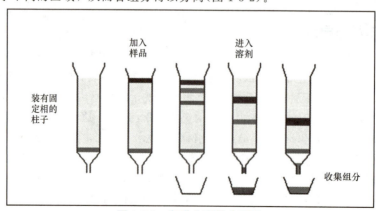

图 1-3-2　色谱分离基本原理

8.2　色谱分离技术分类

色谱分离技术是一类相关分离技术的总称。所以，根据不同的分类方法可分成不同的类型。

8.2.1　按两相状态分类

根据流动相状态，若流动相是气体，称为气相色谱法（Gas Chromatography，GC）；若流动相是液体，称为液相色谱法（Liquid Chromatography，LC）；若流动相为超临界流体，则称为超临界流体色谱法（Supercritical Fluid Chromatography，SFC），见表1-3-1。

表 1-3-1　色谱法按两相所处的状态分类

固定相 ＼ 流动相	液体（液相色谱）	气体（气相色谱）
附载在固体上的液体	液液色谱法	气液色谱法
固体吸附剂	液固色谱法	气固色谱法

固定相也有两种状态，即以固体吸附剂作为固定相和以附载在固体上的液体作为固定相。所以，气相色谱法又可分为气固色谱法（Gas-Solid Chromatography，GSC）和气液色谱法（Gas-Liquid Chromatography，GLC）；同理，液相色谱法也可分为液固色谱法（Liquid-Solid Chromatography，LSC）和液—液色谱法（Liquid-Liquid Chromatography，LLC）。

8.2.2　按固定相几何形式分类

按固定相几何形式的不同，色谱分离技术可以分为柱色谱法（Colum Chromatography，CC）、纸色谱法（Paper Chromatography，PC）、薄层色谱法（Thin Layer Chromatography，TLC）等。柱色谱法是色谱分离操作在柱内进行的方法。纸色谱法是色谱分离操作在滤纸上进行的方法。色谱分离操作在吸附剂铺成薄层的平板上进行的，称为薄层色谱。近年来，色谱分离操作可以在毛细管内进行，称为毛细管色谱，实际上，毛细管色谱属于柱色谱，见表1-3-2。

表 1-3-2　色谱法按固定相几何形式分类

色谱方法	固定相基质的形式	应用
柱色谱法	固定相装于柱内，使样品沿着一个方向前移而达到分离	常用于样品分析、分离
纸色谱法	用滤纸作液体的载体，点样后用流动相展开，使各组分分离	小分子物质的快速检测分析和少量分离制备
薄层色谱法	将适当黏度的固定相均匀涂铺在玻璃或塑料薄板上，点样后用流动相展开，使各组分分离	

续表

色谱方法	固定相基质的形式	应用
薄膜色谱法	将适当的高分子有机吸附剂制成薄膜，以类似纸层析方法进行物质的分离	小分子物质的快速检测分析和少量分离制备

8.2.3　按物质分离机理分类

色谱分离过程本质上是待分离物质分子在固定相和流动相之间分配平衡的过程，不同的物质在两相之间的分配会不同，这使其随流动相运动速度各不同，随着流动相的运动，混合物中的不同组分在固定相上相互分离。根据物质分离机理的不同，色谱法可分为吸附色谱法、分配色谱法、离子交换色谱法、凝胶色谱法、亲和色谱法、色谱聚焦法等，见表 1-3-3。

表 1-3-3　色谱法按分离机理分类

色谱分离技术	分离依据
吸附色谱法	利用吸附剂对不同物质的吸附力不同而使混合物中各组分分离
分配色谱法	利用各组分在两相中的分配系数不同而使各组分分离
离子交换色谱法	利用离子交换剂上的可解离基团（活性基团）对各种离子的亲和力不同而达到分离目的
凝胶色谱法	以各种多孔凝胶为固定相，利用流动相中所含各种组分的相对分子质量不同而达到物质分离
亲和色谱法	利用生物分子与配基之间所具有的专一而又可逆的亲和力使生物分子分离纯化
色谱聚焦法	将酶等两性物质的等电点特性与离子交换层析的特性结合在一起，实现组分分离

8.3　吸附色谱法

8.3.1　吸附色谱法的概念

吸附色谱法是各种色谱分离技术中应用最早的一类，是靠溶质与吸附剂之间分子吸附力的差异而分离的方法。吸附色谱是将吸附剂装入玻璃柱内或铺在玻璃板上，前者称为柱色谱法，后者称为薄层色谱法。吸附力主要是范德华力，有时也可能形成氢键或化学键。

8.3.2　吸附色谱法的基本原理

当被分离组分在洗脱液（也称洗脱剂）的携带下遇到吸附剂时，分子会与吸附剂发生吸附作用。在吸附色谱中，溶质、溶剂和吸附剂三者是相互联系又相互竞争的，构成了色谱分离过程。样品中的物质被吸附剂吸附后，用适当的洗脱液冲洗，改变吸附剂的吸附能力，使之解吸，随洗脱液向前移动。当解析的物质向前移动时，遇到前面新的吸附剂又重新被吸附。被吸附的物质再被后来的洗脱液解析，经如此反复的吸附—解吸—再吸附—再解吸过程，物质即可沿着洗脱液的前进方向移动。其移动速度取决于吸附剂对该物质的吸附能力。由于同一吸附剂对样品中各组分的吸附能力不同，所以在洗脱过程中各组分便会由于移动速度不同而逐渐分离出来，这就是吸附色谱的基本过程(图1-3-3)。

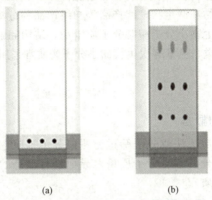

|(a)|(b)|

图 1-3-3　吸附色谱的基本过程

(a)分离前；(b)分离后

在吸附色谱中，溶质在吸附介质中的移动常以阻滞因素 R_f 来表征。在一定的色谱系统中，各种物质有不同的阻滞因素。阻滞因素是在色谱系统中溶质的移动速率和一些理想标准物质(通常是和固定相没有亲和力的流动相)的移动速率之比，即

$$R_f = \frac{溶质(浓度中心)的移动速率}{流动相在色谱柱中的移动速率} = \frac{溶质(浓度中心)的移动距离(r)}{在同一时间内流动相(前缘)的移动距离(R)}$$

8.3.3　吸附色谱法的操作方法

(1)色谱柱的选择。色谱柱通常为玻璃柱，这样可以直接观察色带的移动情况，柱应该平直，直径均匀。一般来说，柱的内径和长度之比为 1∶(10～30)。柱直径大多为 2～15 cm。柱径的增加可使样品负载量成平方地增加，当柱径过大时，流动相很难均匀，色带不容易呈规则分布，因而分离效果差；当柱径太小时，进样量小，使用不便，装柱困难，但适用于选择固定相和溶剂的小试验。实验室所用的柱，直径最小为几毫米。

(2)吸附剂的选择。吸附剂的选择一般要根据待分离的化合物类型而定。例如，硅胶适用于分离极性较大的化合物，如羧酸、醇、酯、酮、胺等。而氧化铝极性较强，对于弱极性物质具有较强的吸附作用，适用于分离极性较弱的化合物。酸性氧化铝适用于分离羧酸或氨基酸等酸性化合物，碱性氧化铝适用于分离胺，中性氧化铝则可用于分离中性化合物。

(3)洗脱剂的选择。吸附剂原则上要求所选的洗脱剂纯度合格，与样品盒吸附剂不起化学反应，对样品的溶解度大，黏度小，容易流动，容易与洗脱的组分分开。常用的洗脱剂有饱和的碳氢化合物、醇、酚、酮、醚、卤代烷、有机酸等。

(4)影响吸附色谱分离效果的因素。同一化合物由于色谱柱、溶剂、展开时温度不同，则阻滞因素 R_f 不同。即使条件都相同，有时也会因操作误差等原因造成 R_f 的不同。

氧化铝和硅胶都为亲水性吸附剂，由于对极性稍大的成分吸附力大，所以极性大的成分难以被吸附，R_f 小；极性小的成分容易被吸附，R_f 大。

8.3.4　吸附色谱法的应用

由于吸附剂的来源丰富、价格低、易再生，装置简单、灵活，又具有一定的分辨率，至今广泛应用于各种天然化合物和微生物发酵产品等初级产品的分离制备，如尿激酶、绒毛膜促性腺激素等粗品的制备。生物小分子相对分子质量小，结构和性质比较稳定，操作条件不太苛刻，例如，生物碱、苷类、色素等次生代谢小分子物质常采用吸附色谱法进行分离。

8.4　凝胶色谱法

8.4.1　凝胶色谱法的概念

凝胶色谱法又称为凝胶层析法或分子筛过滤法或分子排阻色谱法，是以各种多孔凝胶为固定相，利用溶液中各组分的相对分子质量差异而进行分离的一种色谱技术。用于分离的多孔介质称为凝胶色谱介质。

8.4.2　凝胶色谱法的基本原理

凝胶色谱分离的基本原理是含有尺寸大小不同分子的样品进入色谱柱后，较大的分子不能通过孔道扩散进入凝胶内部，而与流动相一起先流出色谱柱，较小的分子可通过部分孔道，更小的分子可通过任意孔道扩散进入凝胶内部，这种颗粒内部扩散的结果，使大分子向下移动的速度较快，小分子物质移动速度落后于大分子物质，使样品中分子大小不同的物质顺序地流出柱外而得到分离。凝胶层析法的分离过程如图 1-3-4 所示。

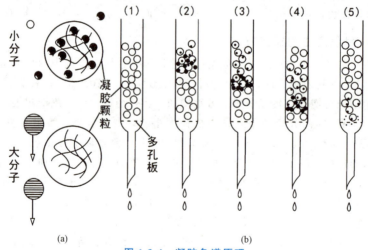

图 1-3-4　凝胶色谱原理

（a）小分子由于扩散作用进入凝胶颗粒内面而被滞留，大分子被排阻在凝胶颗粒外面，在颗粒之间迅速通过；

（b）（1）蛋白质混合物上柱；（2）洗脱开始，小分子扩散进入凝胶颗粒内，大分子则被排阻在颗粒之外；

（3）小分子被滞留，大分子向下移动，大小分子开始分开；（4）大小分子完全分开；

（5）大分子行程较短，已洗脱出层析柱，小分子尚在行进中

8.4.3　凝胶色谱分离法常用凝胶

（1）常用凝胶介质。凝胶色谱介质主要是以葡聚糖、琼脂糖、聚丙烯酰胺等为原料，通过特殊工艺合成的色谱介质，无论是天然凝胶还是人工合成凝胶，它们的内部都具有很微细的多孔网状结构。凝胶层析法中常用的凝胶有以下几种：

1）琼脂糖凝胶是源于一种海藻多糖琼脂，用氯化十六烷基吡啶或聚乙烯醇等将琼脂中带负电基团（磺酸基和羧基）的琼脂胶沉淀除去，所得的中性多糖成分即琼脂糖。琼脂糖凝胶骨架各线型分子间没有共价键的交联，其结合力仅仅为氢键。琼脂糖凝胶的一个显著特征是分离的物质相对分子质量范围非常大。

2）聚丙烯酰胺凝胶是一种全化学合成的人工凝胶，以丙烯酰胺为单位，由甲叉双丙烯酰胺交联而成。其商品名为生物凝胶-P（Bio-gel P）。与葡聚糖凝胶相比，聚丙烯酰胺凝胶的化学稳定性好，凝胶成分不易脱落，可在很宽的 pH 值范围内使用；机械强度好，可在中压下使用并具有很好的流畅度。因凝胶骨架上没有带电基团，故无非特异吸附现象，有较高的分辨率。

3）葡聚糖凝胶是凝胶层析中最常用的凝胶，商品名为 Sephadex。化学性质比较稳定，不溶于水、弱酸、碱和盐。

（2）凝胶的选择。一般来说，选择凝胶一方面要根据样品的情况确定一个合适的分离范围，根据分离范围选择合适型号的凝胶。例如，蛋白质脱盐常采用分离范围较小的 SephadexG-10 或 SephadexG-15，一般来说，在规定的筛分范围内，混合物之间相对分子质量相差越大，分离的效果越好。分级分离时（如蛋白质组分样品的分离纯化），应根据待分离样品各组分的分子质量大小和分子质量分布范围来确定型号。

选择凝胶的另一方面就是凝胶颗粒的大小。颗粒小，装柱均匀，分辨率高，但相对流速慢，试验时间长，有时会造成扩散现象严重，多用于精制分离或分析等；颗粒大，流速快，分辨率低，但条件得当也可以得到满意的结果，多用于粗制分子及脱盐等。

8.4.4　凝胶色谱的操作方法

凝胶色谱的操作方法包括凝胶柱的制备、样品的加入和洗脱以及凝胶的再生和干燥。

1. 凝胶柱的制备

（1）凝胶的预处理。清洗层析柱，测定层析柱的内径、高度，计算所需凝胶的体积。根据凝胶的膨胀体积，计算所需干凝胶的质量。称取相应质量的干凝胶，使用前需将凝胶干颗粒悬浮于 5～10 倍量的洗脱液中充分溶胀，然后用倾斜法除去表面悬浮的小颗粒。为了除去凝胶颗粒空隙中的气泡，可把处理过的凝胶浸泡于蒸馏水或平衡液中用抽气方法实现。为了节约时间，常采用热法溶胀，即在水浴中加热溶胀，还可以达到去除气泡的目的。然后装柱，凝胶在装柱前，需用倾斜法除去影响流速的细颗粒，并需减压抽气排除气泡，然后才能装柱。

（2）凝胶层析柱的装填。将层析柱与地面垂直固定在架子上，下端流出口用夹子夹紧，柱顶可安装一个带有搅拌装置的较大容器，柱内充满洗脱液，将凝胶调成较稀薄的浆头液盛于柱顶的容器中，然后在微微搅拌下使凝胶下沉于柱内，这样凝胶粒水平上升，直到所需高度为止，拆除柱顶装置，用相应的滤纸片轻轻盖在凝胶床表面。稍放置一段时间，再开始流动平衡，流速应低于层析时所需的流速，在平衡过程中逐渐增加到层析的流速，千万不能超过最终流速。

（3）层析床的检查。色谱分离效果与装填的层析柱均匀与否密切相关，因此使用前必须检查装柱的质量。最简单的方法是使用肉眼观察色谱床是否均匀，有没有纹路和气泡。或用一种有色物质的溶液流过色谱柱床，观察色带的移动，如色带狭窄、均匀平整，说明性能良好；如色带出现歪曲、散乱变宽，则必须重新装柱。

2. 样品的加入和洗脱

加样时如果引起样品稀释或不均匀渗入凝胶床，就会造成区带扩散，直接影响层析效果。凝胶床经平衡后，在凝胶床顶部留下数毫升洗脱剂使凝胶床饱和，再用滴管加入已初步提纯的样品液，打开流出口，使样品液渗入凝胶床，当样品液面恰与凝胶床表面平齐时，立即加入数毫升洗脱剂冲洗管壁。样品加完后，将层析床与洗脱液储瓶及收集器相连，根据被分离物质的性质，预先估计好一个适宜的流速，定量地分步收集洗脱剂。

3. 凝胶的再生和干燥

凝胶的再生是指用适当的方法除去凝胶的一些污染物，恢复其原来的性质。凝胶柱经若干次使用后，如果色泽改变，流速降低，表面有污染物等，则表示需要进行再生处理。经常使用的凝胶以湿态保存为主，不需要干燥。

（1）影响凝胶层析的因素。影响凝胶层析的因素主要有凝胶的选择、凝胶粒度对分离效果的影响、洗脱剂流速对分离效果的影响、离子强度和 pH 值、样品液体积对分离效果的影响，以及凝胶柱的长度、直径和分离效果的关系等。

（2）凝胶层析法在工业发酵中的应用。凝胶色谱法已广泛应用于生物化学（蛋白质和酶的纯化、肽和激素的分离、抗体纯化、相对分子质量测定及多聚体研究等）、医学（临床分析、药物制备、去除热源等）、轻工食品工业（高蛋白乳精的制造、脱盐）等各种领域。

1）脱盐。高分子（如蛋白质、核酸、多糖等）溶液中的小分子杂质，可以借助凝胶层析法除去，这一操作称为脱盐。葡聚糖凝胶 SephadexG-25 因流动阻力小，交联度适宜，常用于蛋白质溶液的脱盐。

2）凝胶层析法纯化青霉素。青霉素致敏原因据认为是产品中存在一些高分子杂质，如青霉素聚合物或青霉素降解物——青霉烯酸与蛋白质相结合而形成的青霉噻唑蛋白质，是具有强烈致敏性的全抗原。这种高分子杂质可用凝胶层析法分离。

3）相对分子质量的测定。凝胶色谱作为标准化方法的主要应用是测定高分子物质的相对分子质量，如蛋白质、酶、多肽、激素等大分子的相对分子质量。测定蛋白质相对分子质量的凝胶以 G-100 和 G-200 为主。在测定物质的相对分子质量时，在不影响流速的情况下，尽可能用较长的层析柱，以便增加分辨率，提高准确度。

4）分离纯化。当混合物中被分离物质的相对分子质量相差较大时，对凝胶的选择原则可以与脱盐时相同，即凝胶的分离范围既要大于小分子的相对分子质量，又要小于大分子的相对分子质量。若被分离的组分之间相对分子质量差别较小，可以减小上样体积或增大柱床体积后再分离。

8.5　分配色谱法

8.5.1　分配色谱法的概念

分配色谱法是利用不同组分在流动相和固定相之间的分配系数（或溶解度）不同，而使之分离的方法。在分配色谱中，固定相是极性溶剂，此类溶剂能与多孔的支持物紧密结合，使其呈不流动状态；流动相是非极性的有机溶剂。

8.5.2　分配色谱法的基本原理

在分配色谱中，当有机溶剂流动相经样品点时，样品中的溶质便按其分配系数部分地转入流动相向前移动，相当于一种连续性的溶剂提取方法，只是把其中一种溶剂固定，用另一种溶剂冲洗，这种分离不经过吸附程序，仅由溶剂的提取而完成。固定在柱内的液体作为色谱分离的固定相，为了使固定相固定在柱内，需要有一种固体来固定，这种固体本身不起分离作用，也没有吸附能力，只是用来使固定相停留在柱内，叫作载体。在进行分离时，先将含有固定相的载体装在柱内，加少量待分离的溶液后，用适当溶剂洗脱。当经过固定相时，流动相中的溶质就会进行分配，一部分进入固定相。通过这样不断进行流动和再分配，溶质沿着流动方向不断前进。各种溶质由于分配系数不同，向前移动的速度也各不相同。分配系数较大的物质，由于分配在固定相多些，分配在流动相少些，溶质移动较慢；而分配系数较小的物质，流动速度较快。从而将分配系数不同的物质分离。分配系数表达式如下：

$$K = C_s / C_m = (X_s / V_s) / (X_m / V_m)$$

式中，C_s 代表组分分子在固定相液体中的溶解度；C_m 代表组分分子在流动相中的溶解度。

8.5.3　分配色谱介质

（1）载体。支持物在分配色谱中起支持固定相的作用，根据其使用方式可分为柱色谱、纸色谱和薄层色谱。分配色谱载体应为惰性、没有吸附能力、能吸留较大量的固定相液体的物质。常用的载体有硅胶、硅藻土、纤维素。

（2）固定相。常用的固定相有水、缓冲溶液、酸的水溶液、甲酰胺、丙二醇及为水所饱和的有机溶剂等，按一定比例与支持物混合均匀后装填于色谱柱内，用有机溶剂作为洗脱剂进行分离。

（3）流动相。色谱分离流动相也称为展开剂。展开剂一般要选择各组分溶解度相差大的溶剂。一般常用的展开剂有石油醚、醇类、酮类、卤代烷类、脂类、苯类等。反相色谱常用的展开剂有水、各种酸、碱、盐的水溶液与缓冲液、低级醇类等。

8.5.4　分配色谱操作方法

分配色谱的装柱十分重要，直接影响分离效果。装柱前，将固定相与载体混合，如用硅胶作为载体，应根据色谱柱称量出所需的固体硅胶，在加入一定比例的固定相液体，混合均匀后按吸附剂装柱法填入，一般有湿法装柱和干法装柱两种。流动相应先用固定相饱和后再使用，否则在以后洗脱时当通过大量的流动相时，就会把载体中的固定相逐渐溶解掉。

8.5.5 分配色谱法的应用

分配色谱法应用于分离极性较大、在有机溶剂中溶解度小的成分，或极性相似的成分，或亲水性的成分(如苷类、糖及氨基酸类)。

8.6 离子交换色谱法

离子交换色谱法是基于离子交换树脂上可电离的离子与流动相中具有相同电荷的溶质离子进行可逆交换，利用不同组分对离子交换剂亲和力的不同而进行分离的方法。

动画：离子
交换层析

8.6.1 离子交换色谱法的基本原理

离子交换树脂是生产中常用的一种离子交换剂。离子交换体系由离子交换树脂、被分离的离子及洗脱液等组成。离子交换树脂是一种具有多孔网状立体结构的多元酸或多元碱，能与溶液中的其他物质进行交换或吸附。离子交换树脂的单元结构由三部分构成(图 1-3-5)。

(1)惰性不溶的、具有三维多孔网状结构的网络骨架(通常用 R 表示)；

(2)与网络骨架以共价键相连的活性基一般用 M 表示，又称功能基，它不能自由移动；

(3)与活性基以离子键连接的可移动的活性离子(即可交换离子，如 H^+、OH^- 等)。

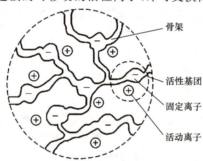

骨架

活性基团

固定离子

活动离子

图 1-3-5　离子交换剂结构

活性离子决定着树脂的主要性能，当活性离子为阳离子时，称为阳离子交换树脂；当活性离子为阴离子时，称为阴离子交换树脂。离子交换剂与水溶液中离子或离子化合物的反应主要以离子交换方式进行。其反应式为

$$RB^+ + A^+ \rightleftharpoons RA^+ + B^+$$

待分离的离子存在于被处理的料液中，依据静电与树脂上的活性基团结合，也可以被其他与活性基团具有强结合力的离子竞争交换，从树脂上解脱下来处于游离状态，通常发生交换的离子的电荷性质是相同的，只是结合力不同。然后利用合适的洗脱剂将吸附质从树脂上洗脱下来，达到分离的目的。图 1-3-6 所示为反应阳离子交换的基本过程。

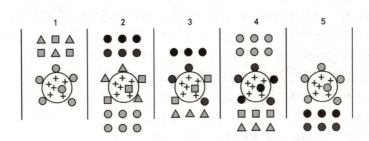

图 1-3-6　离子交换色谱原理

1—平衡阶段；2—吸附阶段；3、4—解吸附阶段；5—再生阶段

8.6.2　离子交换剂的类型与结构

根据电荷基团的强弱，将阳离子交换剂可分为强酸性阳离子交换树脂、弱酸性阳离子交换树脂和中强酸性阳离子交换树脂。强酸性阳离子交换树脂的活性基团是 $-SO_3H$（磺酸基）和 $-CH_2SO_3H$（次甲基磺酸基）；弱酸性阳离子交换树脂的活性基团有 $-COOH$、$-OCH_2COOH$、C_6H_5OH 等弱酸性基团；中强酸性阳离子交换树脂的活性基团有 $-PO(OH)_2$ 或次磷酸基团 $-PHO(OH)$。

阴离子交换剂包括强碱性阴离子交换树脂、弱碱性阴离子交换树脂和中强碱性阴离子交换树脂。强碱性阴离子交换树脂的活性基团为季铵基，如三甲氨基或二甲基-β-羟基-乙基氨基；弱碱性阴离子交换树脂的活性基团为伯胺或仲胺，碱性较弱；中强碱性阴离子交换树脂的活性基因碱性介中。

8.6.3　离子交换色谱基本操作

(1)离子交换色谱介质选择。对阴阳离子交换树脂，一般根据被分离物质所带的电荷来决定选用哪种树脂。被分离物质带正电荷，则采用阳离子交换树脂；被分离物质带负电荷，则采用阴离子交换树脂。目标产物具有较强的碱性和酸性时，宜选用弱酸或弱碱性的树脂，以提高选择性，并便于洗脱。目标产物是弱酸或弱碱物质时，宜选用强碱或强酸性树脂，保证有足够的结合力。

(2)离子交换树脂的预处理、转型、再生与保存。取适量的固体离子交换剂先用水浸泡，待充分溶胀后加大量的水悬浮除去细颗粒，并改用酸/碱浸泡，以便除去杂质和使其带上需要的相反离子。预处理主要是清洗；转型是预处理后，用酸或碱处理使之变为氢型或钠型树脂的操作；再生是用大量水冲洗使用后的树脂，除去树脂表面和空隙内部吸附的各种杂质，然后用转型的方法处理；保存是指树脂暂不使用时，以钠型或氯型或游离胺型的离子型保存。

8.6.4　影响离子交换色谱分离效果的因素

(1)离子交换选择性的影响因素。离子交换树脂选择性的影响因素很多，包括离子化合价、离子的水化半径、离子浓度、溶液环境的酸碱度、有机溶剂和树脂的交联度、活性基团的分布和性质、载体骨架等。

1)离子化合价。可溶性的有机或无机离子化合物均可进行离子交换色谱操作。化合价越高，被结合的生物物质越强，相同化合价条件下，结合的亲和力随原子数的增加而增加。

①阳离子被吸附的顺序为 $Fe^{3+} > Al^{3+} > Ca^{2+} > Mg^{2+} > Na^{+}$。

②阴离子被吸附的顺序为柠檬酸根＞硫酸根＞硝酸根。

2)离子的水化半径。离子在水溶液中都要和水分子发生水合作用形成水化离子，此时的半径就是离子在溶液中的大小。对于无机离子而言，离子水化半径越小，离子对树脂活性基团的亲和力越大，因此优先被吸附。

3)溶解浓度的影响。树脂对离子交换吸附的选择性，在稀溶液中比较大，而在浓溶液中比较小。

4)离子强度。高的离子浓度必定与目标产物离子进行竞争，减少有效交换容量。此外，离子的存在会增大蛋白质分子及树脂活性基团的水合作用，降低吸附选择性和交换速度。所以，在保证目标产物溶解度和缓冲能力的前提下，应尽可能降低离子强度。

5)有机溶剂的影响。有机溶剂会使树脂对有机离子的选择性较低，所以，常用含有机溶剂的洗脱剂洗脱难洗脱的有机物质。

6)树脂与交换离子间的辅助力。一些能与树脂间形成氢键、范德华力等辅助力的离子，树脂对其吸附力大。

(2)离子交换速度的影响因素。影响离子交换速度的因素很多，主要有交联度、颗粒度、温度、离子的价态和半径、溶液的浓度和搅拌速率等。交联度低，树脂内部的网孔相对大，扩散就较容易。一般情况下，颗粒度大，交换速度慢，所以减小颗粒度有利于提高交换速度。温度升高，交换速度加快。离子价态越高，与带相反电荷的活性基团的库仑引力就越大，扩散速度就越小。离子半径越小，交换速度越快，而半径大的分子在树脂中的扩散速度很慢。一般情况下，交换速度随溶液浓度的增加而增大。在一定范围内，搅拌会加快交换速度。

8.6.5 离子交换色谱的应用

离子交换树脂最早应用于制备软水和水的处理。目前已广泛应用于分离和制备蛋白质、多肽及氨基酸等两性生物物质。

8.7 亲和色谱法

亲和色谱法是利用亲和作用分离纯化生物物质的液相色谱法，它根据生物分子与特定的固定配基之间的亲和力不同而使生物分子得以分离。

8.7.1 亲和色谱原理

亲和色谱将配基通过共价键牢固结合于载体上而制得的层析系统如图1-3-7所示。亲和配基具备的条件是必须具有适当的化学基团以利于固定在载体上，配基的分子大小合适，配基与被分离物质之间有足够大的亲和力，配基与被分离物质之间具有合适的特异性，配基与待分离物之间的结合具有可逆性。

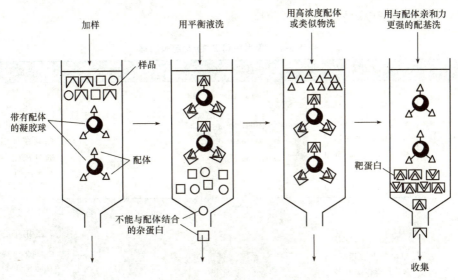

图 1-3-7　亲和色谱原理

8.7.2　亲和色谱介质

载体应具备的条件是不溶于水，但具有高度亲水性；具有多孔网状结构，有利于溶液的流动和渗透；必须具有足够的可同配基结合的化学基团；具有良好的化学和物理稳定性；均匀性好等。常用的载体有琼脂糖凝胶、交联琼脂糖、葡聚糖凝胶、纤维素、聚丙烯酰胺凝胶等。

8.7.3　亲和色谱法的操作过程

亲和色谱法的操作过程包括配基固相化、亲和吸附、解吸附和色谱柱再生。首先，配基固相化的过程包括样品制备、装柱与平衡，其固相化是指将与纯化对象有专一结合作用的物质，连接在水不溶性载体上，制成亲和吸附剂后装柱（称为亲和柱）。然后被分离的目标产物与亲和吸附介质紧密结合。之后洗去色谱柱中和吸附剂内部未被吸附的杂质，尽可能留下专一性吸附的结合物，这一过程称为洗脱，洗脱可分为特异性洗脱和非特异性洗脱。最后是亲和色谱柱的再生，再生是指去除未被洗脱的仍然结合在亲和介质上的物质，以使亲和柱能反复使用。

8.7.4　亲和色谱法的影响因素

上样体积、柱长、流速、温度等因素均会影响亲和色谱的分离效率。

8.7.5　亲和色谱法的应用

亲和色谱法具有高收率、高纯度、能保持生物大分子天然状态等优点，广泛应用于生物大分子的分离纯化，特别是对含量极少的基因工程产品的进一步纯化，更显示出这一技术的优越性。目前，已经成功利用亲和色谱法分离了单克隆抗体、细胞分裂素、激素等产品。

常用色谱法的特点和用途见表 1-3-4。

表 1-3-4　常用色谱法的特点和用途

名称	分离原理	分离效果示意图	特点	应用
吸附色谱法	固定相是固体吸附剂，各组分与吸附剂之间吸附能力不同而分离		（1）分辨率较低 （2）吸附速度快 （3）流速较慢，容量有限	适用于生物小分子物质的分离，尤其在天然药物的分离制备中占很大比例
分配色谱法	各组分在流动相和静止液相（固相）中的分配系数不同而分离，相当于连续性的溶剂抽提法		（1）分辨率中等 （2）流速较快	适用于分离极性较大、在有机溶剂中溶解度小或极性相似的成分，如亲水性的糖、苷类及氨基酸等
离子交换色谱法	固定相是离子交换剂，各组分带电性质不同，与离子交换剂亲和力不同而分离		（1）分辨率较高 （2）流速快、容量高	适用于大量样品的前期处理和分离阶段，主要用于分离氨基酸、核苷酸及其他带电荷的生物分子
凝胶色谱法	固定相是多孔凝胶，各组分的分子大小不同，因而在凝胶上受阻滞的程度不同而分离		（1）分辨率中等，脱盐效果优良 （2）流速较低 （3）容量受样品体积局限	适用于大规模纯化的最后步骤；在纯化过程中任何阶段均可进行脱盐处理
亲和色谱法	固定相只能与一种待分离组分专一结合，以此和无亲和力的其他组分分离		（1）分辨率最高 （2）流速快、容量高 （3）样品体积不受限制	可用于分离纯化的任何阶段，尤其是样品体积大、浓度低而杂质含量很高时

8.8 纸色谱法

纸色谱法又称纸上层析法、纸上层离法，是以滤纸为载体的分配色谱法，溶质由于在两相中分配的差异而得到分离。

8.8.1 纸色谱法的基本原理

纸色谱法是以滤纸作为惰性支持物，滤纸纤维上的羟基具有亲水性，它所吸附的水作为固定相，通常将不与水混合的有机溶剂作为流动相。由于吸附在滤纸上的样品的各组分在水或有机溶剂中的溶解能力各不相同，各组分会在两相之间产生不同的分配现象。性质不同的组分在滤纸上分离的过程叫作纸层析（图 1-3-8），流动相溶剂又叫作展开剂。

图 1-3-8　纸层析法分离 Fe^{3+} 和 Ca^{2+}

8.8.2 纸色谱法的操作过程

(1)制作层析纸。取一张滤纸，按需要剪成条状，将滤纸条的一端弯折 1 cm，以便滤纸条能挂在橡胶塞下部的回形针上。滤纸条的长度以下端能浸入展开剂中 1.5 cm 为宜，用铅笔在离滤纸条末端约 2 cm 处画一个小圆点作为原点（画一条线）。

(2)点样。将试样溶于适当溶剂中配制成溶液，用内径小于 1 mm 的毛细管吸取样品溶液在滤纸的原点处点一直径小于 0.5 cm 的斑点，如果溶液太稀，可在溶液挥发晾干后在原点处重复点样 3~5 次，每次点在同一位置上，晾干后备用。

(3)展开。在一支大试管或层析缸内，加入适当的溶剂系统（一般含有机溶剂）作为展开剂，所点试样的滤纸条平整地悬挂在橡胶下的回形针上，使滤纸条下端浸入展开剂中约 0.5 cm（切勿使所点试样蘸湿），紧缩橡胶塞。

(4)显色。若分离的物质是有色的，有色物质展开后得到不同颜色的色斑；若分离的物质是无色的，可根据该物质的特性，在滤纸上喷显色剂，以显色出斑点。

(5)分离。若要将层析分离物提取出来，可将滤纸上分离物质的斑点剪下，浸于有关溶剂中，即可提取纸上层析物。

8.8.3 纸色谱分离效果的影响因素

当溶质为弱酸、弱碱或两性物质时，pH 值对色谱影响很大，这是因为当溶质呈游离状态或成盐时，在两相间的分配系数差别很大，因此，pH 值应保持恒定。保持 pH 值恒定的方法有两种：一种是展开剂采用一定的 pH 值的缓冲液；另一种是将滤纸经缓冲液处理，用中性溶剂展开。

8.9　薄层色谱法

薄层色谱法又称为薄板层析法或薄层层析法，简称为 TLC，是在平板（如玻璃板）上铺上一薄层载体，将样品滴于薄层的一端，然后置于密闭容器中，使移动相借助毛细管渗透作用而沿板上升，达到分离的目的。

8.9.1　薄层色谱法的基本原理

薄层色谱按分离的机理及载体的不同，可分为液－固吸附色谱、液－液分配色谱、离子交换色谱和凝胶渗透色谱等。但通常以吸附方式为主。其分离的基本原理同柱色谱。在吸附薄层色谱中，展开剂是不断供给的。所以，原点上的溶质与展开剂之间的平衡不断遭到破坏，吸附在原点上的溶质不断解析，解析的溶质溶于展开剂中并随之向前移动，遇到新的吸附剂表面，溶质与展开剂又会部分地被吸附而建立起暂时的平衡，但又立刻遭到不断移动上来的展开剂的破坏，又有一部分溶质解析并随展开剂向前移动。如此经过不断吸附—解吸—吸附—解吸……的交替过程就构成了吸附薄层色谱的分离基础。其移动速度和阻滞因数 R_f 关系如下：

(1)当 $R_f = 0$ 时，此种溶质不溶于流动相，而被吸附在固定相上。

(2)当 $0 < R_f < 1$ 时，R_f 越大，溶质随流动相移动越快，被洗脱速率也就越快。

(3)当 $R_f = 1$ 时，此种溶质不溶于固定相，随流动相以同样的速率移动。

8.9.2　薄层色谱操作方法

(1)薄层色谱板的制备。

1)干法铺板（软板制备）。在一块边缘整齐的玻璃板上，铺上适量的氧化铝，取一合适物品顶住玻璃板右端。两手紧握铺板玻璃棒的边缘，按确定方向轻轻拉过，一块边缘整齐、薄厚均匀的氧化铝薄层即成，如图 1-3-9 所示。

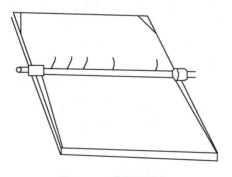

图 1-3-9　薄板的制备

2)湿法铺板(硬板制备)。为使制成的硅胶板坚硬，要加入胶粘剂，用硫酸钙作为胶粘剂铺成的板称为硅胶G板；用羧甲基纤维素钠作为胶粘剂铺成的板称为硅胶-CMC板。

(2)点样。用一根玻璃毛细管或点样器，吸取样品溶液，在距薄层一端约2 cm的起始线上点样，每点间距约为2 cm，样品点直径一般小于0.5 cm。注意点样量要适中。

(3)展开。展开操作需要在密闭的容器中进行。配制好展开剂，将展开剂(一般为2～10 mL)倒入层析缸。放置一定时间，待层析缸被展开剂饱和后，再迅速将薄层板放入、密闭、展开，这样可防止边缘效应产生。注意在薄板放入层析缸时，切勿使溶剂浸没样品点。展开方式可分为以下3类：

1)上行展开法和下行展开法。最常用的展开法是上行展开法，就是使展开剂从下向上爬行展开；下行展开法是使展开剂由上向下流动。由于受重力作用，下行展开移动较快。

2)单次展开法和多次展开法。用同一种展开剂沿一个方向展开一次，这种方式在平面色谱中应用最为广泛。用相同的展开剂沿同一方向进行相同距离的重复展开，称为多次展开法。

3)单向展开法和双向展开法。沿一个方向展开的方法称为单向展开法。沿多个方向展开用于成分较多、性质比较接近的难分离组分的分离。

(4)显色。显色也称定位，即用某种方法使经色谱展开后的混合物斑点呈现颜色，以便观察其位置。显色方法有紫外线照射法、喷雾显色法、碘蒸气显色法和生物显迹法。

■ **任务实施**

1. 色谱分离技术的原理是什么？

2. 根据分离原理，色谱可分为哪几类？

3. 离子交换层析的过程是什么？

4. 亲和层析如何操作？

5. 比较分析影响色谱效果的各种因素及解决方案。

案 例 分 析

案例8 凝胶色谱法分离血红蛋白

一、试验目的

(1)掌握凝胶层析的基本原理。

(2)学习利用凝胶层析法分离纯化蛋白质的试验技能。

二、试验原理

凝胶具有网状结构,小分子物质能进入其内部,而大分子物质被排除在外部。当混合溶液过凝胶过滤层析柱时,溶液中的物质按不同分子量筛分开。含盐蛋白质溶液流经凝胶层析柱时,低相对分子质量的盐分子因浸入凝胶颗粒的微孔,所以向下移动的速度较慢;而大分子的蛋白质不能进入凝胶颗粒的微孔,以较快的速度流过凝胶柱,从而使蛋白质与盐分开。

在凝胶层析中常用的凝胶有葡聚糖凝胶(商品名 Sephadex)、聚丙烯酰胺凝胶(Bio-gelP)和琼脂糖凝胶(Agarose)。葡聚糖凝胶是由细菌葡聚糖(又称右旋糖酐)在糖的长链间用交联剂 1-氯-2,3-环氧丙烷交联而成的。在合成时,调节葡聚糖和交联剂的比例,可以获得具有网孔大小不同的凝胶。G 值表示交联度,G 值越大,交联度越小,网孔和吸水量越大。

本试验通过 SephadexG-50 层析柱,以蒸馏水为洗脱剂,分离血红蛋白(红色,分子量约为 64 500)与硫酸铜(蓝色,分子量为 249.5)的混合物,从颜色的不同可观察到血红蛋白洗脱快,硫酸铜洗脱较慢。

三、试验器材

(1)仪器:层析柱(直径为 0.8~1.5 cm,长为 10~20 cm)、吸管、玻璃棒、小烧杯、25 mL 量筒、试管。

(2)试剂及耗材:SephadexG-50、抗凝血液、0.9%NaCl 溶液、硫酸铜溶液。

四、试验步骤

(1)凝胶的准备。由准备室制备。

(2)样品制备。

1)血红蛋白(Hb)溶液的制备。取抗凝血液约 0.5 mL 于离心管中,离心 5 min(2 500 r/min),弃去上层血浆,用 0.9%NaCl 溶液 3 mL 洗血细胞两次,将血细胞用 1.5 mL 蒸馏水稀释,即得 Hb 稀释液,备用。

2)取 Hb 稀释液与 $CuSO_4$ 溶液各 0.5 mL,充分混合均匀,此混合液作为样品。

(3)装柱。取层析柱(直径为 0.8~1.5 cm,长度为 20 cm)一支,将层析柱烧结板下端的死区用蒸馏水充满,不得留有气泡,然后关闭层析柱的出口。将已溶胀的凝胶悬液沿玻璃棒小心、慢慢地灌入柱中,待底部凝胶沉积 1~2 cm 时,再打开出口,继续加入凝胶悬液至凝胶层积集至约 15 cm 高度即可。凝胶悬液尽量一次加完,以免出现不均匀或分层的凝胶带。见表层凝胶凹凸不平时，可用玻璃棒轻轻搅动，使凝胶自然沉降，并使表面平整。

（4）加样与洗脱。加样时先将柱的出口打开，让蒸馏水逐渐流出，待床面上只留下极薄的一层蒸馏水时，关闭出口。用滴管将样品（约 0.4 mL）小心地加到凝胶床的表面上。注意加样时不要将床面冲起，也不要沿柱壁加入。然后，打开出口，使样品恰好进入床面（不要让空气进入床内），用上述相同方法滴加 1～2 倍样品体积的蒸馏水，待完全流进床内后，再加蒸馏水进行扩展洗脱，直至两条区带分开为止。

五、试验注意事项

在洗脱的过程中，应不断滴加蒸馏水，使凝胶床的上表面始终保留约 2 cm 的蒸馏水。

巩 固 练 习

一、名词解释

色谱技术

分配系数

分子筛

亲和色谱技术

二、简答题

1. 简述色谱技术的特点及分类。

2. 离子交换色谱介质如何选择？

3. 简述凝胶色谱的原理，并举例说明凝胶色谱有哪些应用。

4. 简述吸附色谱、离子交换色谱和亲和色谱的应用。

项目4　产品精制

　　生物产品分离纯化的最后阶段，往往需要将半成品及成品中的水分或溶剂去除，以便于产品的加工、使用、运输和储藏。能够实现产品中水分去除的单元操作有浓缩（去除一部分水分）、结晶（溶质分子有规则地排列结合成晶体析出）、干燥（去除大部分或全部水分）。

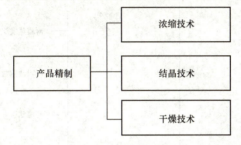

任务9　浓缩技术

▌情景描述

　　浓缩是从低浓度的溶液中除去水或溶剂使其变为高浓度的溶液的过程，常在提取后和结晶前进行，有时也贯穿整个生物产品分离纯化过程。浓缩技术在生物产品加工中有着广泛的应用，是重要的单元操作之一。浓缩的主要目的：提高制品的浓度，增加制品的保藏性；除去农产品中大量的水分，减少包装、储藏和运输的费用；作为干燥或完全脱水的预处理过程；作为结晶操作的预处理过程。

▌学习目标

　　知识目标：

　　1. 了解浓缩技术的目的和意义；

　　2. 熟悉浓缩方法的分类；

　　3. 掌握常用浓缩的原理和应用。

　　能力目标：

　　1. 能够根据生物产品的性质选择合适的浓缩方法；

　　2. 能够进行浓缩的操作。

素质目标：

1. 具备勤奋认真、踏实钻研的职业素养；

2. 具备团结协作、乐于助人的品质；

3. 树立环保、创新和安全意识。

任务导学

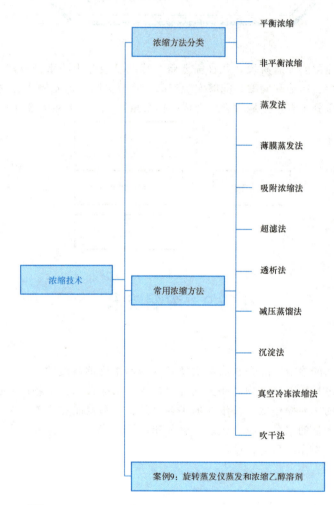

知识链接

9.1 浓缩方法分类

浓缩方法从原理上讲可分为平衡浓缩和非平衡浓缩两种。

(1)平衡浓缩是利用两相在分配上的某种差异而实现溶质和溶剂分离的方法。蒸发浓缩和冷冻浓缩属于这种方法。其中，蒸发浓缩利用溶剂和溶质挥发度的差异，获得一个有利的气液平衡条件，达到分离的目的；冷冻浓缩利用稀溶液与固态冰在凝固点下的平衡关系，即利用有利的液固平衡条件。以上两种浓缩方法都是通过热量的传递来完成的。无论蒸发浓缩还是冷冻浓缩，两相都是直接接触的，故称为平衡浓缩。

（2）非平衡浓缩是利用固体半透膜来分离溶质与溶剂的过程，两相被膜隔开，分离不靠两相的直接接触，故称为非平衡浓缩，利用半透膜不但可以分离溶质和溶剂，还可以分离各种不同大小的溶质，膜浓缩过程是通过压力差或电位差来完成的。

9.2　常用浓缩方法

9.2.1　蒸发法

蒸发是溶液表面的水或溶剂分子在获得的动能超过了溶液内分子间的吸引力而脱离液面逸向空间的过程。当溶液受热时，溶剂分子动能增加，蒸发过程加快；液体表面积越大，蒸发越快。根据此原理，蒸发浓缩的装置常常按照加热、扩大液体表面积、低压等因素设计。

9.2.2　薄膜蒸发法

薄膜蒸发浓缩即液体形成薄膜后蒸发，变成浓溶液。成膜的液体有很大的气化面积，热传导快、均匀，可避免药物受热时间过长。

9.2.3　吸附浓缩法

吸附浓缩是通过吸收剂直接吸收除去溶液中溶剂分子使溶液浓缩的方法。最常用的吸附剂有聚乙二醇、聚乙烯吡咯烷酮、蔗糖、凝胶等。例如，将干葡聚糖凝胶 G25（或吸水棒）加入抽提液，两者比例为 1:5。由于凝胶吸水，抽提液的体积可缩小 3 倍左右，回收蛋白质量约为 80%，若凝胶（或吸水棒）对有效成分吸附力强或对吸水后有效成分的性质有影响，此法不宜采用。

9.2.4　超滤法

超滤法是指把抽提液装入超过滤装置，在空气或氮气（5.0×10^5 Pa）压力下，使小分子物质（包括水分）通过半透膜（如硝酸纤维素膜），大分子物质留在膜内。

9.2.5　透析法

透析法是把装抽提液的透析袋埋在吸水力强的聚乙二醇（PEG，分子质量为 400～20 000 Da）或甘油中，10 mL 抽提液可在 1 h 内浓缩到极少水的程度。

9.2.6　减压蒸馏法

减压蒸馏法是指将抽提液装入减压蒸馏器的圆底烧瓶，在减压真空状态下进行蒸馏。当真空度较高时溶液的沸点可控制在 30 ℃ 以下。这种方法一般适用于常温下稳定性好的物质。

9.2.7　沉淀法

沉淀法是指在抽提液中加入适量的中性盐或有机溶剂，使有效成分变为沉淀。经离心除去不溶物，获得的上清液通过透析或凝胶过滤脱盐，即可供纯化使用。

9.2.8 真空冷冻浓缩法

冰冻的抽提液在真空状态下，可以由固体直接变为气体。用此原理进行浓缩，有效成分基本不会破坏。具体做法是把分装至小瓶中的样品冰冻后放入装有五氧化二磷或硅胶吸水剂的真空干燥器，连续抽真空使其达到浓缩。

9.2.9 吹干法

吹干法是指将产物使用电风扇或氮吹仪等设备吹干。氮吹仪(图 1-4-1)的原理是将氮气快速、连续、可控地吹向加热样品的表面，定量平行浓缩仪使待处理样品中的水分迅速蒸发、分离，实现样品无氧浓缩。该方法在农残分析，药物筛选，液相、气相、质谱分析前处理中应用广泛。

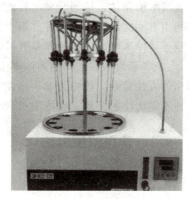

图 1-4-1 氮吹仪

任务实施

1. 平衡浓缩技术的原理是什么？具体有哪些方法？

2. 非平衡浓缩技术的原理是什么？具体有哪些方法？

3. 真空冷冻浓缩法有什么优点？

案例分析

案例9 旋转蒸发仪蒸发和浓缩乙醇溶剂

一、试验目的

(1)掌握旋转蒸发仪的使用方法。

(2)了解蒸发和浓缩的原理及对不同样品的处理。

二、试验原理

旋转蒸发仪(图1-4-2)是一种常用的试验设备，用于将液体样品进行蒸发和浓缩。当液体样品进入旋转瓶后，加热水浴使液体样品受热并产生蒸气。同时，旋转瓶底的圆盘旋转，将液体样品均匀地撒在瓶壁上，增大了蒸发的表面积，加快了蒸发速度。蒸发的蒸气通过冷凝管冷凝后收集。

三、试验器材

(1)仪器：R-1001-VN旋转蒸发仪。

(2)试剂及耗材：酒精溶剂或稀释剂。

四、试验步骤

(1)将旋转蒸发仪放置在平稳的台面上，并确保水平度。

(2)将冷凝管与旋转蒸发仪连接好。

图1-4-2　旋转蒸发仪

(3)准备好试剂和所需的其他试验器材。

(4)根据需要，添加适量的溶剂或稀释剂。

(5)打开旋转蒸发仪的电源，调节主机旋钮以控制旋转速度。

(6)打开加热水浴的电源，调节温度旋钮以控制加热温度。

(7)观察液体样品的蒸发情况，注意是否产生蒸气。

(8)根据需要，可以通过调节旋转速度和加热温度来控制蒸发速度与浓缩程度。

(9)当液体样品蒸发完毕后，关闭加热水浴的电源。

(10)等待一段时间，让蒸气冷凝成液体，然后通过冷凝管流入收集瓶。注意收集瓶的容量，避免溢出。

(11)试验结束后，关闭旋转蒸发仪和加热水浴的电源，将旋转瓶和冷凝管等试验器材进行清洗和消毒，定期检查旋转蒸发仪的机械部件和电子设备，确保其正常运行。

五、试验注意事项

在试验过程中，根据不同的样品和试验要求，调节旋转速度和加热温度，成功地实现了液体样品的蒸发和浓缩。通过收集瓶中的液体样品，可以对蒸发后的样品进行分析和进一步处理。

 巩 固 练 习

一、名词解释

浓缩技术

非平衡浓缩

蒸发浓缩

真空冷冻浓缩

二、简答题

1. 列举常见的浓缩方法及其适用范围。

2. 简述减压浓缩法和真空冷冻浓缩法的异同。

3. 简述吹干浓缩法有哪些应用。

任务 10　结晶技术

情景描述

　　生物产品的有效成分往往存在于复杂的混合体系中，通常含量极低。要将这些成分从复杂的体系中分离出来，同时，又要防止其组成、结构的改变和生物活性的丧失，显然是相当有难度的。通常，只有同类分子或离子才能排列成晶体，所以结晶过程有很好的选择性，通过结晶，溶液中的大部分杂质会留在母液中，再通过过滤、洗涤等，就可以得到纯度高的晶体。结晶技术作为固态精细纯化的重要方法之一，具有分辨率高、操作简单、适用范围广泛等优点。

学习目标

　　知识目标：

　　1. 熟悉结晶技术的原理；

2. 掌握结晶技术的 3 个过程；

3. 掌握过饱和溶液制备的方法。

能力目标：

1. 能够正确地进行过饱和溶液的制备；

2. 学会控制生物产品的结晶过程。

素质目标：

1. 培养团队协助的意识；

2. 培养自我学习的习惯和能力；

3. 培养分析比较问题的能力。

■ 任务导学

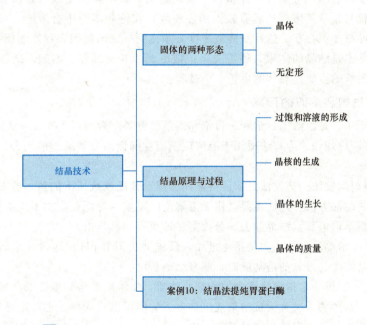

![知识链接]

10.1　固体的两种形态

固体从形态上来分，有晶体和无定形两种。例如，食盐、蔗糖等都是晶体，而木炭、橡胶都为无定形物质。其主要区别在于内部结构中的质点元素（原子、分子）的排列方式互不相同。利用许多生化药物具有形成晶体的性质进行分离纯化，是常用的一种手段。溶液中的溶质在一定条件下因分子有规则地排列而结合成晶体，晶体的化学成分均一，具有各种对称的晶状，其特征为离子和分子在空间晶格的结点上有规则地排列。晶体和无定形两者的区别就是构成一单位（原子、离子或分子）的排列方式不同，前者有规则，后者无规则。

在条件变化缓慢时，溶质分子具有足够的时间进行排列，有利于结晶形成；相反，当条件变化剧烈时，强迫溶质分子快速析出。溶质分子来不及排列就析出，结果形成无定形沉淀。

10.2 结晶原理与过程

将一种溶质放入溶剂，由于分子的热运动，必然发生两个过程：一是固体的溶解，即溶质分子扩散进入液体内部；二是溶质的沉积，即溶质分子从液体中扩散到固体表面进行沉积。如果溶液浓度未达到饱和，则固体的溶解速度大于沉积速度；如果溶液的浓度达到饱和，则固体的溶解速度等于沉积速度，溶液处于一种平衡的状态，尚不能析出晶体；如果溶液浓度超过饱和浓度，达到一定的饱和度，上述平衡状态就会被打破，固体的溶解速度小于沉积速度，这时才可能有晶体析出。最先析出的微小颗粒是以后结晶的中心，称为晶核。微小晶核与正常晶体相比具有较大的溶解度，在饱和溶液中会溶解，只有达到一定的过饱和度时晶核才能存在，这就是溶液浓度必须达到一定的过饱和程度才能结晶的原因。晶核形成后，并不是结晶的结束，还需要靠扩散继续成长为晶体。因此，结晶包括过饱和溶液的形成、晶核的生成、晶体的生长 3 个过程。

10.2.1 过饱和溶液的形成

结晶的首要条件是溶液的过饱和。过饱和溶液的制备一般有以下 4 种方法。

(1)饱和溶液冷却法。冷却法适用于溶解度随温度降低而显著减小的场合，否则应采用加温结晶。

(2)部分溶剂蒸发法。蒸发法是指使溶液在加压、常压或减压下加热，蒸发除去部分溶剂达到过饱和的结晶方法。此法主要适用于溶解度随温度的降低而变化不大的场合。例如，灰黄霉素的丙酮萃取液真空浓缩除去部分丙酮后即可有结晶析出。

(3)化学反应结晶法。结晶法是指通过加入反应剂或调节 pH 值生成一个新的溶解度更低的物质，当其浓度超过它的溶解度时，就有结晶析出。

(4)解析法。解析法是指向溶液中加入某些物质，使溶质的溶解度降低，形成过饱和溶液而结晶析出，这些物质被称为抗溶剂或沉淀剂，它们可以是固体，也可以是液体或气体。解析法常用于盐析结晶、有机溶剂结晶等。

在生产中，除单独使用上述各法外，还常将几种方法合并使用。

10.2.2 晶核的生成

溶质在溶液中成核的现象即生成晶核，在结晶过程中占有重要的地位。晶核的产生根据成核机理不同可分为初级成核和二次成核。

(1)初级成核。过饱和溶液中的自发成核现象，即在没有晶体存在的条件下自发产生晶核的过程。初级成核根据饱和溶液中有无其他微粒诱导而分为非均相成核、均相成核。

实际上，溶液中常常难以避免有外来固体物质颗粒，如大气中的灰尘或其他人为引入的固体粒子，这种存在其他颗粒的过饱和溶液中自发产生晶核的过程，称为非均相初级成核。非均相成核可以在比均相成核更低的过饱和度下发生。在工业结晶器中发生均相初级成核的机会比较少。

（2）二次成核。如果向过饱和溶液中加入晶种，就会产生新的晶核，这种成核现象称为二次成核。工业结晶操作一般在晶种的存在下进行，通常为二次成核。二次成核的机理一般认为有剪应力成核和接触成核两种。剪应力成核是指当过饱和溶液以较大的流速流过正在生长中的晶体表面时，在流体边界层存在的剪应力能将一些附着于晶体上的粒子扫落，从而成为新的晶核；接触成核是指晶体与其他固体物接触时所产生的晶体表面的碎粒。在工业结晶器中，一般接触成核的概率大于剪应力成核。

工业结晶中有以下几种不同的起晶方法：

（1）自然起晶法。先使溶液进入不稳区形成晶核，当生成晶核的数量符合要求时，再加入稀溶液使溶液浓度降低至亚稳区，使之不生成新的晶核，溶质即在晶核的表面长大。

（2）刺激起晶法。先使溶液进入亚稳区，将其加以冷却，进入不稳区，此时即有一定量的晶核形成，由于晶核析出使溶液浓度降低，随即将其控制在亚稳区的养晶区使晶体生长。味精和柠檬酸结晶都可采用先在蒸发器中浓缩至一定浓度后，再放入冷却器中搅拌结晶的方法。

（3）晶种起晶法。如图1-4-3所示，稳定区：溶液尚未饱和，没有结晶的可能；不稳定区：任一点都能立即自发结晶，此时，由于过饱和度过大，结晶生成很快，来不及长大即降至饱和态，所以形成大量细小的晶体；亚稳区：不会自发产生结晶，如加入晶种，溶质会在晶种上长大，直至溶质的浓度到SS线。所以，为了得到颗粒较大而又整齐的晶体，工业生产中通常把溶液浓度控制在亚稳区，投入一定量和一定大小的晶种，使溶液中的过饱和溶质在所加的晶种表面上长大。

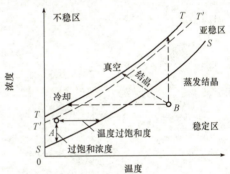

图 1-4-3 饱和曲线 SS' 和过饱和曲线 TT' 图

晶种起晶法是普遍采用的方法，加入的晶种不一定是同一种物质，溶质的同系物、衍生物、同分异构体也可作为晶种加入，如乙基苯胺可用于甲基苯胺的起晶。对纯度要求较高的产品，必须使用同种物质起晶。

10.2.3 晶体的生长

在过饱和溶液中已有晶核形成或加入晶种后，以过饱和度为推动力，晶核或晶种将长大，这种现象称为晶体生长。晶体生长速度也是影响晶体产品粒度大小的一个重要因素。在实际生产中，一般希望得到粗大而均匀的晶体，因为这样的晶体便于后续的洗涤、干燥等操作，且产品质量也较高。

当晶体生长速度大大超过晶核生成速度时，则得到粗大而有规则的晶体。当晶核生成速度大大超过晶体生长速度时，则得到细小而又不规则的晶体。

影响晶体生长速度的因素主要有杂质、搅拌、温度和过饱和度等。有的杂质能完全制止晶体的生长，有的杂质则能促进生长，还有的杂质能对同一种晶体的不同晶面产生选择性的影响，从而改变晶体外形。有的杂质能在极低的浓度下产生影响，有的杂质却需要在相当高的浓度下才能起作用。获质影响晶体生长速度的途径也各不相同。搅拌能促进扩散，加速晶体生长，同时，也能加速晶核形成，一般应以试验为基础确定适宜的搅拌速度，获得需要的晶体，防止晶簇形成。温度升高有利于扩散，因而使结晶速度加快。过饱和度增高一般会使结晶速度加快，但同时引起黏度增加，结晶速度受阻。

10.2.4　晶体的质量

晶体的质量主要是指晶体的大小、形状和纯度 3 个方面。工业上通常希望得到粗大而均匀的晶体。粗大而均匀的晶体较细小不规则的晶体便于过滤与洗涤，在储存过程中不容易结块。

任务实施

1. 固体有哪两种形态？在结构和性质上有什么区别？

2. 结晶的前提是什么？

3. 晶体的质量怎么评价？

4. 如何得到粗大而均匀的晶体？

案例分析

案例10　结晶法提纯胃蛋白酶

一、试验目的

(1)掌握结晶的过程。

(2)学会提纯胃蛋白酶的方法。

二、试验原理

　　胃蛋白酶是一种消化性蛋白酶，由胃部中的胃黏膜主细胞分泌，功能是将食物中的蛋白质分解为小的肽片段，主细胞分泌的是胃蛋白酶原，胃蛋白酶原经胃酸或胃蛋白酶刺激后形成胃蛋白酶，胃蛋白酶不是由细胞直接生成的。药用胃蛋白酶是胃液中多种蛋白水解酶的混合物，含有胃蛋白酶、组织蛋白酶、胶原酶等，为粗制的酶制剂。临床上主要用于因食蛋白性食物过多所致的消化不良，以及病后恢复期消化机能减退等。胃蛋白酶广泛存在于哺乳类动物的胃液中，药用胃蛋白酶是从猪、牛、羊等家畜的胃黏膜中提取的。采用结晶法提纯胃蛋白酶，可以大大提高胃蛋白酶的活性。

三、试验器材

(1)仪器：烧杯、玻璃棒、试管、水浴锅、旋转蒸发仪、真空干燥箱、可见分光光度计、研钵。

(2)试剂及耗材：猪胃黏膜、盐酸、硫酸、纯化水、氯仿5％三氯醋酸、血红蛋白试液、硫酸镁。

四、试验步骤

(1)酸解、过滤：加水500 mL，加盐酸调节pH值至1.0～2.0，加热至50 ℃，边搅拌边加入1 kg猪胃黏膜，快速搅拌使酸度均匀，46 ℃消化4 h。纱布过滤，收集滤液。

(2)脱脂、去杂质：将滤液降温至30 ℃以下用氯仿提取脂肪，水层静置48 h，使杂质沉淀，弃去，取脱脂酶液。

(3)结晶、干燥：加入乙醇，使乙醇体积为20％，加H_2SO_4调节pH值至3.0，5 ℃静置20 h后过滤，加硫酸镁至饱和，盐析。盐析物再在pH值为3.8的乙醇中溶解，过滤，滤液用硫酸调节pH值至2.0，即析出针状胃蛋白酶。沉淀再溶于pH值为4.0的20％乙醇中，过滤，滤液用硫酸调节pH值至2.0，20 ℃放置，结晶。真空干燥，球磨，即得胃蛋白酶粉。

五、试验注意事项

控制结晶速度，才能获得针状晶体。

巩 固 练 习

一、名词解释

结晶

过饱和溶液

晶核

晶体生长

二、简答题

1. 简述结晶的3个过程。

2. 工业上起晶的主要方法有哪些？

3. 过饱和溶液形成的方法有哪些？

任务 11　干燥技术

▌**情景描述**

许多生物产品如酶制剂、单细胞蛋白、抗生素、氨基酸等均为固体产品。为了减少成品的体积，便于运输，减少运输的费用及包装成本；延长成品的保存期；便于使用；符合规定的标准，便于后续的分析、研究等，生物产品分离的最后一步一般需要干燥操作。

■ 学习目标

知识目标：

1. 了解干燥过程及其影响的因素；
2. 熟悉干燥技术的原理；
3. 掌握常用的干燥方法和设备。

能力目标：

1. 能够进行干燥的操作；
2. 能够使用常用的干燥设备进行干燥操作。

素质目标：

1. 具备爱岗敬业、遵纪守法的职业素养；
2. 具备团结协作、互帮互助的品质；
3. 树立安全、质量和担当意识。

■ 任务导学

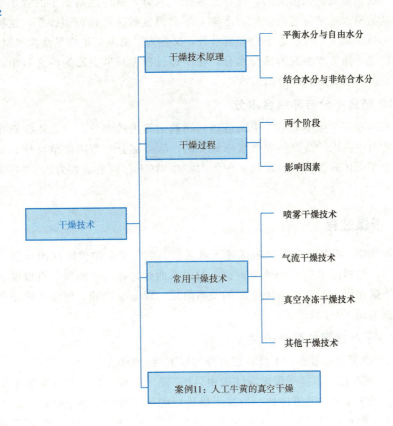

知识链接 📄

11.1　干燥技术原理

干燥是将潮湿的固体、膏状体、浓缩液及液体中的水分（或其他溶剂）排除尽的过程。生化产品含水容易引起分解变性，影响质量。

干燥是利用热能除去物料中湿分（水分或其他溶剂）使其气化的单元操作。例如，干燥固体时，干燥过程的实质是物料中被除去的水分从固相转移到气相中。

在含水的物料中，水分与固体物料的性质及其相互作用的关系，对脱水过程有着重大的影响。关于水分与物料的结合状态有着不同的分类方法，根据其能否干燥除去分为平衡水分与自由水分；根据水分除去的难易程度分为结合水分与非结合水分。

11.1.1　平衡水分与自由水分

物料与一定状态的空气接触后，将释出或吸入水分，最终达到恒定的含水率。若空气状态恒定，则物料永远维持这么大的含水率，不会因接触时间延长而改变，这种恒定的含水率称为该物料在固定空气状态下的平衡水分，又称为平衡湿含量或平衡含水率。

物料中超过平衡含水率的那部分水分，在干燥过程中可以去除的称为自由水分。自由水分包括全部的非结合水和部分结合水。

11.1.2　结合水分与非结合水分

结合水分是存在于细小毛细管中或渗透到物料细胞内的水分，主要以物理化学方式结合，很难从物料中去除。当物料中含水率较高时，除一部分水与固体结合外，其余的水只是机械地附着于固体表面或颗粒堆积层中的大空隙中（不存在毛细管力），这些水分称为非结合水分。

11.2　干燥过程

在干燥操作中，常用干燥速度来描述干燥过程。其定义是单位时间内单位干燥面积上气化的水分量。物料湿含量 w 与干燥时间 t 的关系曲线，即 w-t 曲线，再根据干燥速度定义，转化成干燥速度 v 与物料湿含量 w 的关系曲线，即 w-v 曲线。恒定干燥条件下典型的干燥速度曲线如图 1-4-4 所示。

11.2.1　干燥过程的两个阶段

从图 1-4-4 中明显地看出，干燥过程可分为以下两个阶段：

（1）恒速干燥阶段。恒速干燥阶段即图中 ABC 段，若不考虑短暂的预热阶段（AB 段），则此阶段的干燥速度基本是恒定的。恒速干燥阶段的干燥速度取决于物料表面水分的气化速率，即取决于物料外部的干燥条件（空气温度、湿度及流速等），所以恒速干燥阶段又称为表面气化控制阶段，主要排除非结合水分。

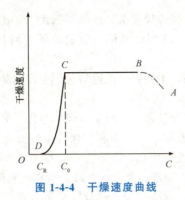

图 1-4-4　干燥速度曲线

（2）降速干燥阶段。降速干燥阶段即图中 CD 段，在这一阶段中，随着物料湿含量的减少，干燥速度则不断降低。两干燥阶段交点处所对应的湿含量，称为物料的临界湿含量，以 C_0 表示。明显地看出物料湿含量降至临界点以后，便进入降速干燥阶段。在这一阶段物料中非结合水分已被蒸发掉，若继续进行干燥，只能蒸发结合水分。在降速干燥阶段的干燥速率主要取决于物料本身的结构、形状及大小等特性，其次是干燥温度，所以，降速干燥阶段又称为内部扩散控制阶段，主要排除结合水分。

11.2.2　干燥过程的影响因素

影响干燥效果的因素主要有物料的性质、结构和形状，干燥介质的温度、湿度与流速，干燥速率与干燥方法，压力与蒸发量等。物料的形状、大小及堆积方式不仅影响干燥面积，同时也影响干燥速率。提高相对湿度，通过加快蒸发速度使干燥速率加快；降低有限空间的相对湿度，可提高干燥效率；加大空气流速，通过减少气膜厚度降低表面气化阻力，加快干燥速率。干燥速率不宜过快，太快易发生表面假干现象。正确的干燥方法是静态干燥要逐渐升温，否则易出现结壳、假干现象；动态干燥要大大增加其暴露面积，有利于提高干燥效率。减压干燥可以改善蒸发、加快干燥，使产品疏松、易碎且质量稳定。

11.3　常用干燥技术

11.3.1　喷雾干燥技术

（1）喷雾干燥基本原理。喷雾干燥是系统化技术应用于物料干燥的一种方法，通过机械作用，将需干燥的物料分散成很细的像雾一样的微粒（增大水分蒸发面积，加速干燥过程），并使雾滴直接与热空气（或其他气体）接触，在瞬间将大部分水分除去，从而获得粉粒状的产品。该法能直接使溶液、乳浊液干燥成粉状或颗粒状制品，可省去蒸发、粉碎等工序。

（2）喷雾干燥的主要优点。干燥速度快；在恒速干燥阶段液滴的温度接近使用的高温空气的湿球温度；物料不会因高温空气影响其产品质量；产品具有良好的分散型、流动性和溶解性；生产过程简单，操作控制方便，容易实现自动化；由于使用空气量大，干燥容积变大，容积传热系数较低；可防止发生公害，改善生产环境；适于连续大规模生产。

(3)喷雾干燥的主要缺点。设备较复杂，占地面积大，一次投资大；雾化器、粉末回收装置价格较高；需要空气量大，增加鼓风机的电能消耗与回收装置的容量；热效率不高，热消耗大。

(4)喷雾干燥器的应用范围。主要有热敏性物料、生物制品和药物制品，基本上接近真空下干燥的标准。

(5)喷雾干燥过程。喷雾干燥的第一阶段是料液的雾化，雾化的目的是将料液分散为微小的雾滴，使其具有很大的表面积，从而有利于保持干燥雾滴的大小和均匀程度。雾滴和空气的接触、混合及流动同时进行传热、传质过程，在干燥塔内进行，即喷雾干燥的第二阶段。喷雾干燥的第三阶段是干燥产品与空气分离。喷雾干燥的产品大多数采用塔底出料，部分细粉夹带在排放的废气中，这些细粉在排放前必须收集下来，以提高产品收率，降低生产成本；排放的废气必须达到排放标准，以防止造成环境污染。

(6)喷雾干燥设备。实现料液雾化的喷雾器有压力式喷雾器、气流式喷雾器和离心式喷雾器3种，由此形成压力喷雾干燥塔、气流喷雾干燥塔和离心喷雾干燥塔3类喷雾干燥设备。

11.3.2　气流干燥技术

(1)气流干燥基本原理。利用热空气与粉状或颗粒状湿物料在流动过程中充分接触，进行传热与传质过程，从而使湿物料达到干燥的目的。

(2)气流干燥的优点。干燥时间短；适用于热敏物质；生产能力大，投资费用少；有机地将干燥、粉碎、输送、包装组合成一道工序，整个过程在密闭条件下进行，减少物料飞扬，防止杂质污染，既改善了产品质量，又提高了收得率。

(3)气流干燥的缺点。不适于黏厚物料的干燥，对晶形磨损厉害。

(4)气流干燥设备。气流干燥装置即气流干燥器，主要由加热器、螺旋加料器、干燥管、旋风分离器、风机等主要设备组成。典型的气流干燥器是一根几米至十几米长的垂直管，物料及热空气从管的下端进入，干燥后的物料则从顶端排出，进入分离器与空气分离。

11.3.3　真空冷冻干燥技术

真空冷冻干燥技术是使被干燥的物料在极低的温度下，冷冻成固体，然后在低温、低压下利用水的升华性能，使冰升华气化而除去的一种干燥技术。

(1)真空冷冻干燥原理。真空冷冻干燥首先使物料冻结，再人为降低物料周围气体中的水气分压，使物料的蒸气压大于周围气体中的水气分压，此时水以冰的形态存在，冰由固态直接升华变为气态，从而达到干燥的目的。

物质状态有固态、液态和气态，物质的状态与其温度和压力有关，图 1-4-5 所示为水的状态平衡图。图中 OS 为升华线，OL 为溶化线，OK 为沸腾线。在任一条曲线上的任意点，都表示同时存在两相且互相平衡。三曲线的交点 O 点称为三相点，其温度为 0.01 ℃，压力为 610.75 Pa。对于一定的物质，三相点的位置是不变的，即具有一定的温度和压力。在三相点以下，不存在液相。冷冻干燥就是在三相点以下的温度和压力下，物质可由固相直接升华变为气相，即进行了升华。

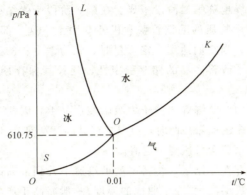

图 1-4-5　水的状态平衡图

冷冻干燥就是在低温下抽真空，使冰面压强降低，水直接由固态变成气态从物质中升华除去，从而达到除去水分干燥的目的，适用于受热易分解破坏的物质。

经冷冻干燥后可以保持物料原有的形态，而且制品复水性极好。冷冻干燥的优点是在低温下干燥，使物品的活性不会受到损害；物品干燥后体积、形状基本不变，物质呈海绵状无干缩，复水时能迅速还原成原来的形状；物品在真空下干燥，使易氧化的物质得到保护；除去了物品中 95% 以上的水分，能使物品长期保存。因此，它在生物制药等领域的应用十分广泛，如疫苗、菌类、病毒、血液制品需冷冻干燥保存。

（2）真空冷冻干燥过程。真空冷冻干燥一般分为预冻阶段、升华阶段（也称第一阶段干燥）和解析阶段（也称第二阶段干燥）3 个阶段。冻干工艺必须分段制定，然后连成整体，形成温度、压力和时间关系曲线即冻干曲线。每处理一种新产品，必须制定一次冻干曲线。

1）预冻阶段。预冻温度必须低于物料的共晶点温度，最好低 5~10 ℃。物料的冻结过程是放热过程，需要一定时间。为使全部产品冻结，一般在产品达到规定的预冻温度后，保持 2 h 左右的时间。

冻结过程的关键在于控制产品的冻结速率。冻结速率直接影响干燥速率和产品质量。慢速冻结时，形成的冰晶，晶格较大，呈六角对称形，有利于物料中冰晶的升华，但产品品质差；速冻形成时，形成的冰晶呈不规则树枝形或球形，间隙小，升华时阻力大，不利于冻干。所以，需要摸索出一个合适的冻结速率，以得到较好的物理性状和溶解度，并且有利于干燥过程中的升华。

2）升华阶段。升华干燥即第一阶段干燥，是将冻结后的产品置于密封的真空容器中加热，其冰晶会升华成水蒸气逸出而使产品干燥。当全部冰晶除去时，第一阶段干燥就完成了。为了使升华出来的水蒸气具有足够的推动力逸出产品，必须使产品内外形成较大的蒸汽压差，因此，在此阶段中箱内必须维持高真空。

升华阶段物料的温度应低于共熔点温度。低太多，升华时间加长，这时升华速率低。高于共熔点温度，则产品熔化，出现干缩现象。因此，在生产中应严格控制产品温度低于并接近共熔点温度。

3)解析阶段。解析干燥也称第二阶段干燥。在第一阶段干燥结束后，产品内还存在约10％左右的水分吸附在干燥物质的毛细管壁和极性基团上，这一部分的水是未被冻结的。这一部分水分是结合水分，当它们达到一定含量时，就为微生物的生长繁殖和某些化学反应提供了条件。因此，为了改善产品的储存稳定性，延长其保存期，需要除去这些水分，这就是解析干燥的目的。

结合水是通过范德华力、氢键等弱分子力吸附在产品上，因此要除去这部分水，需要克服分子间的力，需要更多的能量。此时，可以把产品温度加热到其允许的最高温度以下，维持一定的时间，使残余水分含量达到预定值。

在解析阶段物料内不存在冻结区，物料温度可迅速上升到最高许可温度，并在该温度下一直维持到冻干结束。板层温度（冻干曲线的温度）一般略高于产品温度，具体值与冻干机有关，由试验获得。

解析阶段的压力一般为 20～30 Pa。冻干的最后阶段真空度可以高些。解析时间由产品的品种和形状、残水含量的要求、冻干机的性能决定。解析阶段水汽凝结器的温度会因水蒸气量小而下降，当冻干室压力下降到 20 Pa 附近时，有利于水蒸气从产品中逸出，但此时产品需迅速升温，所需热量多，压力太低不利于传热，此时也可采用调压升华法加速解析。

（3）真空冷冻干燥机的分类。产品的冷冻干燥需要在一定装置中进行，这个装置叫作真空冷冻干燥机，简称冻干机，就是将含水物质，先冻结成固态，而后使其中的水分从固态升华成气态，以除去水分而保存物质的冷干设备。

1)从结构上分为以下几项：

①钟罩型冻干机。冻干腔和冷阱为分立的上下结构，冻干腔没有预冻功能。该类型的冻干机在物料预冻结束后转入干燥过程时需要人工操作。大部分试验型冻干机都为钟罩型，其结构简单、造价低。冻干腔多数使用透明有机玻璃罩，便于观察物料的冻干情况，如图 1-4-6 所示。

②原位型冻干机。冻干腔和冷阱为两个独立的腔体，冻干腔中的搁板带制冷功能，物料置入冻干腔后，物料的预冻、干燥过程无须人工操作。该类型冻干机的制作工艺复杂，制造成本高，但原位型冻干机是冻干机的发展方向，是进行冻干工艺摸索的理想选择，特别适用于医药、生物制品及其他特殊产品的冻干，如图 1-4-7 所示。

2)从功能上分为以下几项：

①普通搁板型。物料散装于物料盘中，适用于食品、中草药、粉末材料的冻干。

②带压盖装置型。适合西林瓶装物料的干燥，冻干准备时，按需要将物料分装在西林瓶中，浮建好瓶盖后进行冷冻干燥，干燥结束后操作压盖机构压紧瓶盖，可避免二次污染、重新吸附水分，易于长期保存。

③多歧管型。在干燥室外部接装烧瓶，对旋冻在瓶内壁的物料进行干燥，这时烧瓶作为容器连接在干燥箱外的歧管上，烧瓶中的物料靠室温加热，通过多歧管开关装置，可按需要随时取下或装上烧瓶，不需要停机。

图 1-4-6　钟罩型冻干机

图 1-4-7　原位型冻干机

④带预冻功能型。物料预冻过程中，冷阱作为预冻腔预冻物料，在干燥过程中，冷阱为捕水器，捕获物料溢出的水分。带预冻功能的冻干机，冷冻干燥过程物料的预冻、干燥等均在冻干机上完成，冻干机使用效率高，降低了成本。

(4)真空冷冻干燥机的结构。冷冻干燥器是由制冷系统、真空系统、加热系统、电器仪表控制系统所组成的，主要部件为干燥箱、凝结器、冷冻机组、真空泵、加热/冷却装置等。真空冷冻干燥机结构如图 1-4-8 所示。

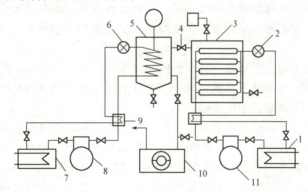

图 1-4-8　真空冷冻干燥机结构

1，7—冷凝器；2，6—膨胀阀；3—干燥室；4—阀门；5—低温冷凝器；

8，11—制冷压缩机；9—热交换器；10—真空泵

1)冻干箱。冻干箱是一个能够制冷到 $-40\ ℃$ 左右，能够加热到 $80\ ℃$ 左右的高低温箱，也是一个能抽成真空的密闭容器。它是冻干机的主要部分，需要冻干的产品就放在箱内分层的金属板层上，对产品进行冷冻，并在真空下加温，使产品内的水分升华而干燥。

一般每一层搁板上都有一个可供测量物料温度的探头，用以监测整个冻干过程中的物料温度。门采用橡胶密封条，应注意关门时要把门上的手柄拧紧，确保箱内密封，如图1-4-9所示。

图1-4-9　冻干箱

2)冷凝器。冷凝器同样是一个真空密闭容器，在它的内部有一个较大表面积的金属吸附面，吸附面的温度能降到－40 ℃以下，并且能恒定地维持这个低温。冷凝器的功用是把冻干箱内产品升华的水蒸气冻结吸附在其金属表面上。

冷凝器外形是不锈钢或铁制成的圆筒，内部盘有冷凝管，分别与制冷机组相连，组成制冷循环系统。冷凝器与干燥箱连接采用真空蝶阀；采用不锈钢钢管与真空泵组连接组成真空系统，筒内冷凝管上部装有化霜喷水管，它通过真空隔膜阀与水管连接，这是为了保证化霜水等不进入干燥箱和真空管道。在冷凝器外部采用泡沫塑料板保温绝热，最外层包以不锈钢钢板。

3)真空系统。冻干箱、冷凝器、真空管道和阀门，再加上真空泵，便构成冻干机的真空系统。真空系统要求没有漏气现象，真空泵是真空系统建立真空的重要部件。真空系统对于产品的迅速升华干燥是必不可少的。

4)制冷系统。制冷系统由冷冻机与冻干箱、冷凝器内部的管道等组成。冷冻机可以是互相独立的两套，也可以合用一套。冷冻机的功用是对冻干箱和冷凝器进行制冷，以产生和维持它们工作时所需的低温，有直接制冷和间接制冷两种方式。

5)加热系统。对于不同的冻干机有不同的加热方式：有的是利用直接电加热法；有的则利用中间介质来进行加热，由一台泵使中间介质不断循环。加热系统的作用是对冻干箱内的产品进行加热，以使产品内的水分不断升华，并达到规定的残余水分要求。

常用的加热方式如下：

①接触传热方式。接触传热方式是一种最简单的加热方式，在干燥室内设置可加热的多层搁板，上面放置装有被干燥食品的干燥盘。利用干燥盘与搁板接触传导加热。在这种情况下，加热搁板与干燥盘、干燥盘与干燥食品间不能完全良好地接触，因此利用这种方法进行加热时，干燥时间较其他方法长些，但其优点是干燥构造简单，并可充分利用空间。

②复式加热方式。接触传导仅加热食品的一面，而在本方式中被干燥的食品两面都与加热板接触，因此，传热良好且可缩短干燥时间。在被干燥食品与加热板接触前，先以金属网状铝板夹住，以打开升华时水蒸气的通道并减少其阻力，然后用液压加上搁板，使之与网状铝板接触，此方式的优点是可缩短干燥时间，但为了能与上搁板接触，搁板必须是活动的，因此必须使用液压装置，从而导致构造复杂，并降低干燥室的利用率，故设备费用高，此外，对非平面而不定形被干燥食品，则有不能充分发挥效果的缺点。

③有钉板加热方式。有钉板加热方式是上述复式加热方式的变形，此法是利用装有多枚钉子的两片加热板将被干燥食品夹在中间进行加热，这种方式的加热接触面积扩大到被干燥食品的内部，因而能有效地进行热供给，利用此方式，干燥时间可大幅度缩短，但是，大量处理被干燥食品时，干燥前与干燥后的操作繁杂，需要人力与时间，另外，还涉及卫生的问题，因此在实用规模装置上多不采用。

④辐射加热方式。辐射加热方式是将被加热干燥的食品置于干燥盘或干燥网上，然后插入两片加热板之间，使之不与加热板接触，而由加热板辐射来供给热量，因此，加热板可加热到容许温度以上的高温，而被干燥食品的温度保持在容许温度之内，这样可以缩短干燥时间，且被干燥食品的形状若不是定形的也不会有所妨碍。干燥前后的操作也很容易，特别是在大型连续干燥装置中更加有效，已经设计出适当的控制方式，并提高加热板的辐射能转换效率，其干燥时间已缩短至可以与复式加热相匹敌的程度，因此，该加热方式已演变成冻干食品设备的基本形式。

⑤微波加热方式。微波照射能使不同形状的食品内外都得到加热，大大缩短干燥时间（10%~20%）。此外，干燥室的利用率也较高。尽管微波加热具有明显的优点，但是到目前为止还没有在工业上成功的例子。这是因为产生微波形式的能量是昂贵的，其费用为蒸汽费用的10~20倍。另外，微波加热过程很难控制。如果供热量有余，会导致升华界面有少量冰融化，而水的介电常数比冰的介电常数大得多，水将吸收更多的热量使温度升高，从而使更多的冰融化，最终导致干燥失败。

⑥红外线加热。在干燥室安装红外线发生器产生红外线辐射。但由于其维持费用相当高，故很少应用于冷冻干燥食品方面。

6)控制系统。由各种控制开关、指示调节仪表及一些自动装置等组成，它可以较为简单，也可以很复杂。一般自动化程度较高的冻干机的控制系统较为复杂。控制系统的功用是对冻干机进行手动或自动控制，操纵机器正常运转，以冻干出合乎要求的产品。

动画：真空
冷冻干燥技术

11.3.4　其他干燥技术

干燥常用的方法还包括厢式干燥、真空干燥等。
几种干燥方法的比较见表1-4-1。

表 1-4-1 几种干燥方法的比较

干燥方法	原理	优点	缺点	设备
喷雾干燥	通过机械作用，将需干燥的物料分散成很细的像雾一样的微粒（增大水分蒸发面积，加速干燥过程），并使雾滴直接与热空气（或其他气体）接触，在瞬间将大部分水分除去，从而获得粉粒状产品的一种干燥方法	干燥速度快；在恒速干燥阶段液滴的温度接近使用的高温空气的湿球温度，物料不会因高温空气影响其产品质量；产品具有良好的分散性、流动性和溶解性；生产过程简单，操作控制方便，容易实现自动化；由于使用空气量大，干燥容积变大，容积传热系数较低；可防止发生公害，改善生产环境；适于连续大规模生产	设备较复杂，占地面积大，一次投资大；雾化器、粉末回收装置价格较高；需要空气量大，增加鼓风机的电能消耗与回收装置的容量；热效率不高，热消耗大	
气流干燥	利用热空气与粉状或颗粒状湿物料在流动过程中充分接触，进行传热与传质过程，从而使湿物料达到干燥的一种干燥方法	干燥时间短；适用于热敏物质；生产能力大，投资费用少；有机地将干燥、粉碎、输送、包装组合成一道工序，整个过程在密闭条件下进行，减少物料飞扬，防止杂质污染，既改善了产品质量，又提高了收得率	不适于黏厚物料的干燥，对晶形磨损厉害	
真空干燥	又称减压干燥，它是在密闭的容器中抽去空气，并适当通过加热达到负压状态下的沸点或者通过降温使物料凝固后达到熔点来干燥物料的一种干燥方法	干燥温度低、干燥速度快、干燥耗时短、产品质量高	生产能力小，需间歇操作，干燥速度快；设备投资和动力消耗高于常压热风干燥	

续表

干燥方法	原理	优点	缺点	设备
厢式干燥	小型的称为烘厢，大型的称为烘房，利用使空气保持一定温度干燥物料的方法，为控制空气温度，可将一部分吸湿的空气循环使用	结构简单，制造容易，操作方便，适应性强，适用范围广。每批物料可以单独处理，并能适当改变温度，适合制药工业生产批量少、品种多的特点。由于物料在干燥过程中处于静止状态，特别适用于不允许破碎的脆性物料	间歇操作，干燥时间长，干燥不均匀，完成一定干燥任务所需设备容积大，人工装卸料，劳动强度大。尽管如此，它仍是中小型企业普遍使用的一种干燥器	

■ **任务实施**

1. 生物产品为什么需要干燥？

2. 物料的水分有哪几种？

3. 干燥的方法有哪些?

4. 喷雾干燥的特点是什么?

5. 真空冷冻干燥的优势有哪些?

6. 真空冷冻干燥的过程如何控制？

案 例 分 析

案例11　人工牛黄的真空干燥

一、试验目的

掌握真空干燥法除去人工牛黄提取液中溶剂的方法。

二、试验原理

人工牛黄具有明显的解热作用，且强于牛黄。目前，所用的人工牛黄制品中大多含有乙醇等有机溶剂，可以利用真空干燥的方法将人工牛黄粗提液中的有机溶剂除去。

三、实验器材

(1)仪器：圆底烧瓶、冷凝管、烧杯、水浴、抽滤装置、真空干燥箱、电子天平。

(2)材料：人工牛黄、75％乙醇、95％乙醇、活性炭。

四、实验步骤

(1)溶解：取粗胆汁酸干燥品放入圆底烧瓶或反应器，加入3/4体积的75％乙醇，加热回流至固体物全部溶解，再加10％～15％活性炭回流脱色20 min，趁热过滤。

(2)洗涤与结晶：滤液用冰水浴冷却至0～5 ℃，再放置4 h以上，使胆酸结晶析出，然后抽滤，并用少量乙醇洗涤结晶，抽干后，得胆酸粗结晶。

(3)真空干燥：取上述胆酸粗结晶置于脱色反应瓶，加4倍体积的95％乙醇溶解，然后蒸馏回收乙醇，至原体积的1/4后，用冷水浴将其冷却至室温，接着用冰水浴冷却至0～5 ℃。

结晶3 h后，在布氏漏斗上真空过滤。抽干后，结晶用少量冷的95％乙醇洗涤1～2次。再次抽干，结晶在70 ℃真空干燥箱中干燥至恒重，即得胆酸干燥品。

(4)计算收得率。

五、试验注意事项

设置温度不可超过额定温度。

 巩 固 练 习

一、名词解释

干燥技术

平衡水分

结合水分

喷雾干燥

气流干燥

真空冷冻干燥

二、简答题

1. 真空冷冻干燥过程的 3 个阶段是什么？如何操作？

2. 干燥速率是什么？影响因素是什么？

3. 喷雾干燥和真空冷冻干燥各有什么优点？

模块2　实训案例——紫薯花青素的分离纯化工艺

项目 1　紫薯原料粉碎与预处理

项目 2　紫薯花青素的固液萃取分离

项目 3　紫薯花青素的三级过滤分离

项目 4　紫薯花青素的吸附层析纯化

项目 5　紫薯花青素的真空减压浓缩

项目 6　紫薯花青素的真空冷冻干燥

1. 花青素简介

花青素（Anthocyanidin）又称花色素，是一类广泛存在于植物中的水溶性天然色素，属黄酮类化合物。在植物细胞液泡不同的 pH 值条件下，花青素使水果、蔬菜、花卉等呈现出五彩缤纷的颜色。自然界有超过 300 种不同的花青素。它们源于不同种水果和蔬菜，如紫甘薯、越橘、酸果蔓、蓝莓、葡萄、接骨木、黑豆、黑枸杞、黑加仑、紫胡萝卜和红甘蓝等（图 2-2-1）。

葡萄　　黑枸杞

蓝莓　　紫玉米

紫薯　　黑豆　　茄子皮

图 2-2-1 富含花青素的水果和蔬菜

现已知的花青素主要存在于植物中的有天竺葵色素（Pelargonidin）、矢车菊色素或芙蓉花色素（Cyanidin）、翠雀素或飞燕草色素（DelpHindin）、芍药色素（Peonidin）、牵牛花色素（Petunidin）及锦葵色素（Malvidin）。自然条件下游离状态的花青素极少见，主要以糖苷形式存在，花青素常与一个或多个葡萄糖、鼠李糖、半乳糖、阿拉伯糖等通过糖苷键形成花色苷（图 2-2-2）。

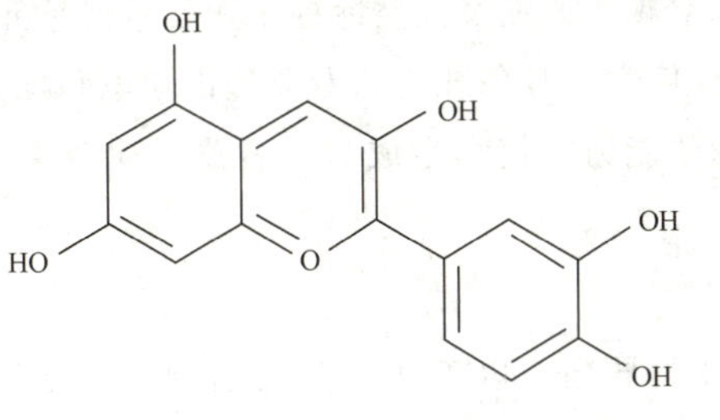

图 2-2-2 花青素基本结构

花青素分子量：287.246；分子式：$C_{15}H_{11}O_6$。

法国波尔多大学化学、医学博士马斯魁勒最早发现，花青素是天然超强抗氧化的自由基清除剂，它能够保护人体免受自由基一类有害物质的损伤。研究表明，花青素是唯一能透过血脑屏障清除自由基保护大脑细胞的小分子物质。相关资料显示，植物花青素在预防 DNA 裂解、雌激素活性、酶抑制、促进生产因子等调节免疫反应方面，以及在抗炎活性、脂质过氧化作用、加固细胞膜等方面都具有一定功能。花青素对 100 多种疾病有预防和治疗作用，是目前科学界发现的防治癌症、多种疾病、维护人类健康最直接、最有效、最安全的自由基强力清除剂，清除自由基能力是维生素 C 的 20 倍，是维生素 E 的 50 倍。它可增强记忆力、改善大脑功能、预防老年痴呆；可强化血管弹性、改善血液循环、加快胆固醇的分解和排除，降低胆固醇，阻抑胶原酶与弹性蛋白酶对结缔组织的降解作用，因而可抗皮肤衰老；可防止肾脏释放出血管紧张素转化酶造成的血压升高（降压功效）、促进视网膜细胞中视紫质的再生，预防近视、增进视力。

近年来，国内外对源于越橘、紫甘薯、葡萄、荔枝皮、花生红衣、蓝莓等天然产物花青素在抗氧化活性、心血管保护及抗菌抗病毒方面开展研究，成果应用于药品、食品及化妆品等领域。

马铃薯是全球第四大重要的粮食作物，仅次于小麦、稻谷和玉米，其适应力强、产量大，可入药、性平味甘，营养价值高，含有大量的碳水化合物、维生素、矿物质、食用纤维、蛋白质和氨基酸等营养物质。马铃薯花青素作为一种天然色素，具有安全、无毒、资源丰富、易提取等特点，在食品、化妆、医药等方面有着巨大的应用潜力。

视频：花青素简介

内蒙古自治区是重要的马铃薯产区，年播种面积可达 1 000 万亩，产量在 1 000 万吨左右。但用于深加工品种缺乏，产业链脆弱。种植紫薯可增加品种，使种植结构合理，既能提供花青素提取原料，又能增加农民收入，对马铃薯持续、稳定发展具有重要的意义。

2. 典型工作任务描述

以紫色马玲薯（紫薯）花青素的分离纯化工艺作为典型实训任务，将模块 1 生物产品分离纯化技术的理论运用于具体的生产实践，使学生更好地掌握细胞破碎、萃取技术、过滤技术、吸附层析技术、真空减压浓缩及真空冷冻干燥技术等单元操作，采用"知识传授与价值引领"相结合的原则，促使学生具备扎实的专业理论知识和操作技能，具有良好的职业道德和分析问题与解决问题的能力，使学生成为一名践行社会主义核心价值观的生物分离纯化技术人才。

3. 教学模式与方法

（1）教学模式。以就业为导向、以工作任务为引领、以立德树人为根本、以学生为主体、以能力为本位，建立融传授知识、培养技能、思想引领为一体的"工学结合"的教学模式，加入强化实训和实际操作，培养高技能、高素质、创新型生物产品分离纯化技术人才。

（2）教学方法。教师在完成生物产品分离纯化技术的教学任务时，要充分认识学生的基本学情，遵循学生的认知规律，积极运用多种教学方法和教学手段，最大限度地激发学生的学习潜能和学习的积极性，全面提高教学质量。教学采用讲授法、比较式教学法、情景式教学法、讨论式教学法等方法，突出以学生为中心、以教师为主导的教学理念，激发学生的求知欲和探索潜能。在能力评价的过程中，可达到专业知识和素养的有效融合与自然渗透，学生可在讨论中分享他人的意见和见解，在沟通中增强认识和理解，在争论中获得满足。

4. 学习评价

在考核过程中，注重学生实践能力的考核，考核内容参照职业技能考核的相关内容与要求。考核标准参照生物产品分离纯化岗位能力需求。

课程总成绩构成：由理论考试成绩50%、实训考核成绩20%、实践操作技能考核成绩30%组成。理论教学部分的考核严格执行学校教考分离的考核制度，既激发了学生的学习热情，又调动了教师的工作积极性。理论考试在考核方式上，采用传统的笔试方式；实践技能部分的考核则采用技能模块测试的方式进行，学生通过抽签的方式确定测试模块，单人独立现场操作。

课程导学

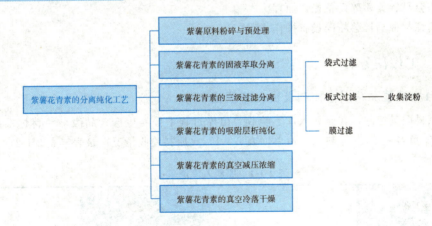

项目1 紫薯原料粉碎与预处理

1.1 学习情景描述

马铃薯深加工原料预处理包括清洗→称量→粉碎等过程。其中，清洗是通过设备去除原料表面泥土杂质，能够提高马铃薯产品质量，避免在加工过程中泥土对设备造成损伤，起到保护设备的目的。粉碎过程是利用粉碎设备的活动磨辊和固定磨辊间的高速相对运动，使物料经受磨辊间冲击、摩擦及物料间冲击等作用，可得到物料粉碎的效果。在粉碎过程中，有效破坏和打开马铃薯组织细胞，释放出生物活性物质——花青素。

1.2 学习目标

(1)学会马铃薯清洗设备操作原理。
(2)熟练掌握马铃薯清洗设备操作规程。
(3)学会马铃薯粉碎设备操作原理。
(4)熟练掌握马铃薯粉碎设备操作规程。

1.3 工作任务书

1.3.1 紫薯原料质量控制及出入库登记

(1)原料质量控制。在原料入库、验收、出库过程中按照生产食品级马铃薯标准把关。由原料仓库负责人填写《原料入库清单》(表 2-1-1)、《原料验收情况记录表》(表 2-1-2)。

表 2-1-1 原料入库清单

入库时间		入库数量	
等级		包装物数量	
收货人		备注	

表 2-1-2　原料验收情况记录表

生产时间			
原料数量		等级	
杂质数量		包装物数量	
使用人			

（2）原料领用。由原料仓库负责人填写《原料出库清单》（表 2-1-3）；由使用人填写《原料领用清单》（表 2-1-4）。

表 2-1-3　原料出库清单

出库时间		出库数量	
等级		包装物数量	
领用人		备注	

表 2-1-4　原料领用清单

领用时间		领用数量	
等级		包装物数量	
领用人		备注	

1.3.2　紫薯原料清洗及操作流程

紫薯原料清洗及操作流程见表 2-1-5。

表 2-1-5　紫薯原料清洗及操作流程

紫薯原料清洗任务书	
任务要求	采用毛辊清洗机对紫薯进行清洗，根据毛刷硬度定制清洗或脱皮功能，并利用流动水相将原料表皮的泥土或杂质洗脱
设备 毛辊清洗机	毛辊清洗机主要由三相电机、变速器、毛刷辊、喷淋水装置等构成，采用毛刷摩擦原理，适用于圆形、椭球形的马铃薯清洗、脱皮等（图 2-1-1）

续表

紫薯原料清洗任务书	
设备 毛辊清洗机	设备参数： 动力：三相 AC380 V 功率：2.2 kW 毛辊数量：8 条 产量：800 kg/h 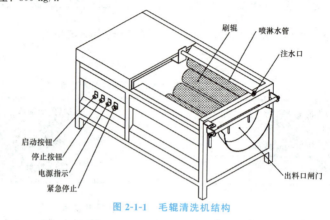 图 2-1-1　毛辊清洗机结构
操作流程	(1)操作前，检查管路、设备阀门启闭状态，特别注意排水阀一定要关闭。 (2)连接水源，接通电源，开机，打开水龙头，让机器空转 1 min，保证机器运行正常。 (3)确定毛刷辊运转速度和进水流量。 (4)加入 10 kg 紫薯，清洗、脱皮时间设为 5 min(可根据进料量调整时间)。 (5)开启履带上料机电源，观察履带运行速度。 (6)开启连接清洗机与履带上料机的出料口，清洗后的原料随着毛辊转动由出料口进入履带上料机。 (7)履带上料机按照一定速度将紫薯原料输送到粉碎机入口处。 (8)使用流动水冲洗清洗机内腔，去除杂质与泥土，关闭电源、水源。 (9)对单元环境进行清洁养护，及时清除废弃物

1.3.3　紫薯原料粉碎及操作流程

紫薯原料粉碎及操作流程见表 2-1-6。

表 2-1-6　紫薯原料粉碎及操作流程

视频：马玲薯原料
清洗与粉碎

紫薯原料粉碎任务书	
任务要求	原料清洗后经履带上料机(图 2-1-2)输送到粉碎机，对原料进行粉碎，有效破坏和打开马铃薯组织细胞，释放出生物活性物质——花青素

续表

紫薯原料粉碎任务书

设备 履带上料机	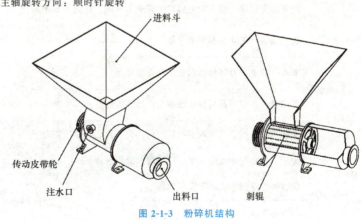 图 2-1-2 履带上料机结构 设备参数： 动力：三相 AC380 V 功率：1.5 kW 上料速度：800 kg/h
设备 粉碎机	粉碎机主要由底座、机壳、主轴、活动磨辊、固定磨辊、筛体（粒度大小可通过更换不同孔径筛体，孔径 40～100 目）、料斗组成（图 2-1-3）。 设备参数： 动力：两相 AC220 V 功率：3.0 kW 主轴转速：3 800 r/min 粉碎粒度：40～100 目 工作噪声：≤70 dB 主轴旋转方向：顺时针旋转 图 2-1-3 粉碎机结构

续表

紫薯原料粉碎任务书	
操作流程	(1)连接水源，接通电源，确定进水流量。 (2)由输送带将清洗后的马铃薯加入料斗，进行粉碎。在萃取界面设置粉碎机工作方式为运行 2 min，停止 30 s，停止期间自动加水清洗粉碎机，按下启动按钮。 (3)打开出料闸门，将粉碎后的马铃薯泥注入 1 号萃取罐中(默认为 1 号萃取罐，如需操作 2 号萃取罐，则手动切换 1 号进料阀即可)。 (4)待所有的马铃薯粉碎完成进入萃取罐后，粉碎机空转 3～5 min，同时使用流动水冲洗粉碎机体，关闭触摸屏上的清洗机按钮，粉碎机停止工作。 (5)关闭中央控制室原料粉碎单元电源、水源。 (6)对履带上料机和粉碎机进行清洗保养。 (7)对单元环境进行清洁养护，及时清除废弃物
注意事项	(1)清洗时一定要戴上橡胶手套，防止毛刷刮伤手指。 (2)观察粉碎效果时，请戴上眼镜，防止物料飞溅入眼

1.4　项目评价

在完成上述过程后，学生在教师指导下，对实训任务完成情况进行评价。

任务 1 评价表——职业素质(30 分)

专业：_____　姓名：_____　学号：_____　成绩：_____

考核要点	考核标准	赋分	得分
工作态度	按时出勤，不迟到、早退、旷工	2	
	遵守工作纪律，穿工衣上岗，工作中不喧哗、打闹，不串岗	2	
	认真细致，记录数据实事求是	2	
	节水、节电，有环保意识，废物处理妥当	1	
	文明操作，实训前后保持设备及周边环境的整洁、干净	1	
学习能力	能够熟练运用各种资源学习新知识，具备自主学习的能力	2	
	善于思考，在学习中能够发现问题、分析问题	2	
	能够将理论知识应用于实际问题	2	
	知识拓展能力强	1	

续表

考核要点	考核标准	赋分	得分
工作能力	能够对照工作任务要求，按照规范流程完成相应工作	2	
	能够对工作过程全面把控，及时处理突发问题	2	
	在工作中善于反思，总结提高	2	
创新能力	能够提出解决问题的新方法、新思路	2	
	创造性地改良工作方法、工作流程，使工作更加高效	2	
团结意识	服从教师、小组长的安排，积极参与并完成工作任务	2	
	与同学互帮互助，团结协作	2	
	遇到问题不互相推卸责任，协商解决	1	

任务 1 评价表——专业能力(70 分)

日期：

专业：＿＿＿＿＿　姓名：＿＿＿＿＿　学号：＿＿＿＿＿　成绩：＿＿＿＿＿

任务名称	紫薯原料清洗及粉碎		
同组人			
操作规程		**赋分**	**操作得分**
1. 按要求进行准备工作(领取原料、清洗工具、计量工具)		5	
2. 对原料进行筛选，去除沙石杂物，准确计量并做好记录		10	
3. 按照操作规程依次接通原料粉碎单元中央控制中的电源、水源		10	
4. 将筛选原料分批次倒入清洗机		5	
5. 观察履带上料机运行速度		5	
6. 观察粉碎机运行状况、进料与出料速度		5	
7. 按操作规程进行设备清洗，并按步骤关闭电源、水源		20	
8. 整理清洁工具及地面		5	
9. 清除杂物		5	

分值判定：
1. 不合格(0～59 分)；
2. 合格(60～79 分)；
3. 优秀(80～100 分)

指导教师签字：

年　月　日

1.5 能力拓展

(1)党的十八大以来，我们党深刻回答了为什么建设生态文明，建设什么样的生态文明，怎样建设生态文明的重大理论和实践问题，以此为背景，各地在原料粉碎单元操作更为注重与生态环境保护相结合，请查询相关资料举例说明其应用。

(2)从职业道德及结合所学专业知识，谈谈为什么要按照操作规程开启和关闭电源、水源。

项目2 紫薯花青素的固液萃取分离

2.1 学习情景描述

紫薯经过清洗和粉碎，紫薯花青素从细胞中释放出来，需要由盐酸－柠檬酸以一定比例配制的浸提液将其提取出来，再进行后续的杂质分离操作。

2.2 学习目标

(1)熟悉萃取罐的基本结构。
(2)会进行浸提液的配制。
(3)会熟练操作萃取罐完成花青素的固液萃取。

2.3 知识链接

2.3.1 固液萃取的过程

固液萃取也称溶剂浸取，是利用固体物质在液体溶剂中的溶解度不同来达到分离提取的目的，进行浸取的原料是溶质与不溶性固体的混合物，其中溶质是可溶组分，而不溶性固体称为担体或惰性物质。

固液萃取过程通常包括润湿、溶解、扩散、置换4个过程。

(1)润湿。材料与浸取溶剂混合时，溶剂首先附着于材料表面使之润湿，然后进入毛细管和细胞间隙。

(2)溶解。溶剂进入组织后，溶解可溶性成分。

(3)扩散。扩散是指细胞中的可溶性成分溶解于溶剂后，通过毛细管和细胞间隙扩散出细胞并进入溶剂主体的过程。其扩散速率可用菲克(Fick)定律描述，对于一定的浓度梯度，扩散物质分子半径越小，绝对温度越高，扩散通量越大。

(4)置换。浸取的关键在于保持最大的浓度梯度，用浸取溶剂随时置换被浸取原料周围的浓浸取液，是控制浸出过程和设计浸出器械的关键问题。例如，渗漏装置，浸取溶剂自上而下持续渗过原料，这就自然造成尽可能大的浓度差，有促进浸出作用。

2.3.2 浸取溶剂

固液萃取操作时要根据溶质的溶解性来选择合适的浸取溶剂。易溶于水的溶质可选用水、酸、碱、盐溶液浸取，易溶于有机溶剂的溶质则选用有机溶剂浸取效果更好。

(1)酸。酸浸取又称酸解，浸取剂有硫酸、盐酸、硝酸、亚硫酸及其他无机酸和有机酸。

(2)碱。碱浸取又称碱解，浸取剂有氢氧化钠、氢氧化钾、碳酸钠、氨水、硫化钠、氰化钠及有机碱类。

(3)水。

(4)盐。浸取剂有氯化钠、氯化铁、硫酸铁、氯化铜等无机盐类。

(5)有机溶剂。浸取剂有乙醇或其他小分子醇、己烷、二氯甲烷、甲基乙基酮和丙酮、低分子质量的酯和植物油等。

选择溶剂应考虑以下原则：

(1)溶质的溶解度大，可节省溶剂用量。

(2)与溶质之间有足够大的沸点差，以便于回收利用。

(3)溶质在溶剂的扩散阻力小，即扩散系数大和黏度小。

(4)价低易得，无毒，腐蚀性小等。溶质的溶解度一般随温度上升而增大，同时，溶质的扩散系数增大。因此，提高温度可以加快萃取速度。

2.3.3 固液萃取的影响因素

(1)温度。温度的升高能使植物组织软化，促进膨胀，增加可溶性成分的溶解和扩散速率，促进有效成分的浸出。如果温度适当升高，还可使细胞内蛋白质凝固、酶被破坏，有利于浸出和制剂的稳定。

(2)时间。一般来说，浸取时间和浸取量成正比，即时间越长，扩散值越大，越有利于浸取。但当扩散达到平衡后，延长时间就不再起作用。此外，长时间的浸取往往导致大量杂质溶出，一些有效成分易被酶分解。若以水作为溶剂，长时间浸泡易霉变，影响浸取液的质量。

(3)浓度差。浓度差越大，浸出速度越快，适当地运用和扩大浸取过程的浓度差，有助于加速浸取过程和提高浸取效率。一般连续逆流浸取的平均浓度差比一次浸取大些，浸出效率也较高。应用浸渍法时，搅拌或强制浸出液循环等，也有助于扩大浓度差。

(4)浸取溶剂 pH 值。浸取溶剂 pH 值与浸取效果密切相关。例如，在中药材浸取过程中，往往根据需要调整浸取溶剂的 pH 值，以利于某些有效成分的提取，如用酸溶液提取生物碱，用碱溶液提取皂苷等。

(5)压力。通常提高浸取压力会加速浸润过程。目前，有两种加压方式：一种是密闭升温加压；另一种是通过液压或气压加压。试验证明，水温为 65~90 ℃，表压力为 0.3~0.6 MPa 时，与常压浸取相比，有效成分浸取率相同，但浸出时间可以缩短一半以上，固液比也可以提高。需要注意的是，加热、加压条件可能导致某些有效成分被破坏，故加压升温浸出工艺需慎重选用。

2.4 工作任务书

2.4.1 浸提液配制

浸提液配制见表 2-2-1，浸提液配制情况记录表见表 2-2-2。

表 2-2-1　浸提液配制

浸提液配制任务书	
任务要求	准确配制浸提液：按柠檬酸 16.6 kg/t 水，盐酸 4.3 kg/t 水，1∶1 混合，浸提液 pH 值要求为 1.8～2.0。操作员负责浸提液的配制并用手持酸度计检测 pH 值，填写《浸提液配制情况记录表》。化验员负责酸度计的校正

表 2-2-2　浸提液配制情况记录表

制备人		配制时间	
盐酸用量		柠檬酸用量	
制备浸提液数量		pH 值	
入浸提罐时间			
复核人		备注	

2.4.2　紫薯花青素的固液萃取及操作流程

紫薯花青素的固液萃取及操作流程见表 2-2-3。

视频：花青素
的固液萃取

表 2-2-3　紫薯花青素的固液萃取及操作流程

紫薯花青素的固液萃取任务书	
任务要求	使用配制好的浸提液，在萃取罐中将粉碎后的紫薯液中的花青素萃取出来，用于下一步的分离纯化工序。控制好萃取时的温度、搅拌速度，以确保最大萃取率和保持花青素的生物活性
设备 萃取罐	萃取罐主要由罐体、温度装置、搅拌装置组成，配备有人孔、进料口、注水口、温度传感器、压力表等(图 2-2-1)。 设备参数： 体积：300 L(两台) 上磁力搅拌动力：三相 AC380 V 功率：1.5 kW 下磁力搅拌动力：三相 AC380 V 功率：0.75 kW

续表

	紫薯花青素的固液萃取任务书
设备 萃取罐	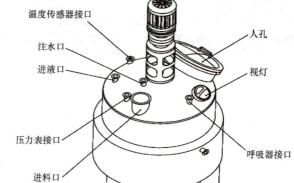 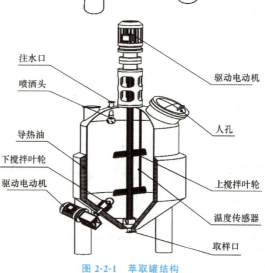 图 2-2-1　萃取罐结构
操作流程	（1）进入触摸屏萃取操作界面，设置参数（以 50 kg 鲜马铃薯为例，量少，可根据比例调整萃取参数）包括： 1）加水时间：1 min； 2）搅拌时间：1 min（时间到达后会延时半小时停止搅拌）； 3）加热温度：40 ℃（需在公用工程界面设置电加热温度，启动电加热系统，根据工艺需要也可不加热）。 （2）参数设置完成后，按下计量泵上的启动按钮，添加粉碎后的鲜薯液 2 倍体积的浸提液，进行浸泡、搅拌 4 h。 （3）搅拌时间到达后，萃取工作完成，搅拌延时 0.5 h 停止搅拌，其间可进行下一步过滤工序的操作

续表

紫薯花青素的固液萃取任务书	
注意事项	(1)上料机粉碎操作前，观察搅拌是否运行良好，防止淀粉沉积罐底。 (2)搅拌设定好时间后，时间到达会停止，如果还没有做好过滤工序的准备，延长搅拌设定时间，或者手动运行搅拌，以防止淀粉沉积

2.5 项目评价

在完成上述过程后，学生在教师指导下，对实训任务完成情况进行评价。

任务 2 评价表——职业素质(30 分)

专业：＿＿＿＿＿＿　　姓名：＿＿＿＿＿＿　　学号：＿＿＿＿＿＿　　成绩：＿＿＿＿＿＿

考核要点	考核标准	赋分	得分
工作态度	按时出勤，不迟到、早退、旷工	2	
	遵守工作纪律，穿工衣上岗，工作中不喧哗、打闹，不串岗	2	
	认真细致，记录数据实事求是	2	
	节水、节电，有环保意识，废物处理妥当	1	
	文明操作，实训前后保持设备及周边环境的整洁、干净	1	
学习能力	能够熟练运用各种资源学习新知识，具备自主学习的能力	2	
	善于思考，在学习中能够发现问题、分析问题	2	
	能够将理论知识应用于实际问题	2	
	知识拓展能力强	1	
工作能力	能够对照工作任务要求，按照规范流程完成相应工作	2	
	能够对工作过程全面把控，及时处理突发问题	2	
	在工作中善于反思，总结提高	2	
创新能力	能够提出解决问题的新方法、新思路	2	
	创造性地改良工作方法、工作流程，使工作更加高效	2	

续表

考核要点	考核标准	赋分	得分
团结意识	服从教师、小组长的安排，积极参与并完成工作任务	2	
	与同学互帮互助，团结协作	2	
	遇到问题不互相推卸责任，协商解决	1	

任务 2 评价表——专业能力(70 分)

日期：

专业：＿＿＿＿＿＿＿　　姓名：＿＿＿＿＿＿　　学号：＿＿＿＿＿＿　　成绩：＿＿＿＿＿＿

任务名称	紫薯花青素的固液萃取分离		
同组人			
操作规程		**赋分**	**操作得分**
1. 清洗储罐、萃取罐及管道(使用 CIP 系统进行在线清洗)		10	
2. 浸提液配制 (1)按比例向储罐中添加盐酸和柠檬酸，用手持酸度计调节浸提液酸碱度为 pH＝1.8～2.2。 (2)填写《浸提液配制情况记录表》		20	
3. 按下开关，将粉碎后的鲜薯液泵入 1 号萃取罐		10	
4. 按下计量泵上的启动按钮，向萃取罐添加原料 2BV 的浸提液，浸泡、搅拌 1 h		10	
5. 搅拌延时 0.5 h 停止，记录萃取时间		5	
6. 将浸提液泵入储罐		5	
7. 按操作规程进行设备清洗，并按步骤关闭电源、水源		5	
8. 整理清洁工具及地面，清除杂物		5	
分值判定： 1. 不合格(0～59 分)； 2. 合格(60～79 分)； 3. 优秀(80～100 分)			
指导教师签字： 　　　　　　　　　　　　　　　　　　　　　　年　月　日			

2.6 能力拓展

一株济世草，一颗报国心

屠呦呦，1930年12月出生，浙江宁波人，她60多年致力于中医药研究实践，带领团队攻坚克难，研究发现了青蒿素，解决了抗疟治疗失效难题，为中医药科技创新和人类健康事业做出了重要的贡献。她因此获得了诺贝尔生理学或医学奖，这是中国医学界迄今为止获得的最高奖，也是中医药成果获得的最高奖。

屠呦呦带领研究团队，尝试采用低温提取，并首次以乙醚为溶剂，终于创建出低温提取青蒿抗疟有效部位的方法。1971年10月4日，青蒿乙醚中性提取物的动物抗疟试验结果出炉，对疟原虫的抑制率竟达100%，这是青蒿素发现史上最为关键的一步。后经研究证实，用乙醚提取这一步，是保证青蒿素有效制剂的关键所在。

屠呦呦说："中医药人撸起袖子加油干，一定能把中医药这一祖先留给我们的宝贵财富继承好、发展好、利用好。"作为当代大学生，查询屠呦呦的事迹，有何启发？

项目3　紫薯花青素的三级过滤分离

3.1　学习情景描述

紫薯花青素的三级过滤分离操作过程如下：首先使用袋式过滤器将马铃薯残渣过滤除去；其次使用板框压滤机过滤，将马铃薯淀粉回收利用；最后使用膜过滤器进一步去除大分子杂质，以便下一步的分离纯化。

3.2　学习目标

(1)熟悉袋式、板框、膜过滤、管道过滤器的基本结构。
(2)学会上述各种过滤器的拆卸和安装。
(3)熟练掌握过滤设备的操作规程。

3.3　工作任务书

紫薯花青素的三级过滤分离见表2-3-1。

视频：花青素
的三级过滤

表 2-3-1　紫薯花青素的三级过滤分离

紫薯花青素的三级过滤任务书	
任务要求	采用三级过滤操作：袋式过滤器过滤（除渣）→板框过滤器过滤（回收淀粉）→膜过滤器过滤，将萃取液中的花青素和其他杂质进行粗分离，去除马铃薯残渣，回收淀粉，以便下一步的纯化工序
设备 袋式过滤器	袋式过滤器使用不锈钢滤袋作为过滤介质，配备有压力表、泄压阀等装置(图2-3-1)。 设备参数：体积：25 L(两台) 滤袋规格：粒径 100 目

续表

	紫薯花青素的三级过滤任务书
设备 袋式过滤器	压力表　泄压阀 进料口 滤袋 出料口 图 2-3-1　袋式过滤器结构
设备 板框压滤机	板框压滤机(图 2-3-2)外部有罩壳，滤芯由 10 层过滤框和覆盖有滤膜的过滤网板(图 2-3-3)垂直叠放而成，由周边螺母旋紧。还配备有压力表、泄压阀等装置。 设备参数： 板框：$\phi500$ mm×10 层 滤膜规格：1 μm 动力：三相 AC380 V 功率：2.2 kW 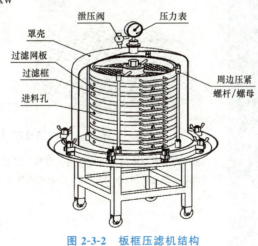 泄压阀　压力表 罩壳 过滤网板 过滤框 进料孔 周边压紧 螺杆/螺母 图 2-3-2　板框压滤机结构

续表

紫薯花青素的三级过滤任务书

<table>
<tr><td rowspan="3">设备
板框压滤机</td><td>

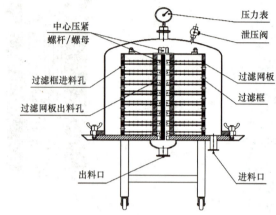

图 2-3-2　板框压滤机结构(续)

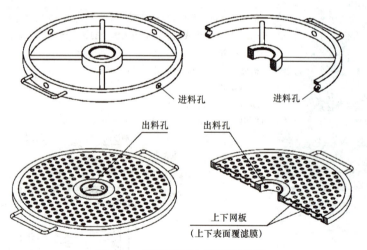

图 2-3-3　过滤框和过滤网板结构

　　紫薯花青素萃取液在压力作用下由每一层过滤框外周的进料孔进入过滤框，由滤膜过滤后，经过滤网板出料孔流出，再汇入中心管流出

</td></tr>
</table>

续表

紫薯花青素的三级过滤任务书

<table>
<tr>
<td>设备
膜过滤器</td>
<td>

膜过滤器有 3 个陶瓷膜滤芯，由中心压杆和压盘固定在底盘上，配备有压力表、泄压口等装置(图 2-3-4)。

设备参数：

陶瓷膜规格：$0.22\ \mu m$

动力：三相 AC380 V

功率：2.2 kW

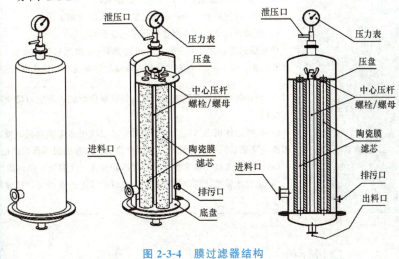

图 2-3-4　膜过滤器结构
</td>
</tr>
<tr>
<td>设备
储液罐</td>
<td>

经膜过滤后的花青素溶液储存在储液罐中，体积为 500 L(图 2-3-5)

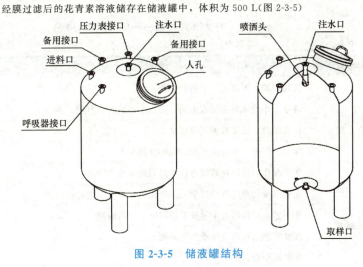

图 2-3-5　储液罐结构
</td>
</tr>
</table>

续表

紫薯花青素的三级过滤任务书	
操作流程	(1)组装好袋式过滤器、板框压滤机、管道过滤器和陶瓷膜过滤器，关闭放液阀门。 (2)控制面板切换到过滤操作界面，启动浓浆泵、板框过滤器齿轮泵，袋式过滤开始；袋式过滤器为一用一备，可通过相应的阀门切换。待第一台过滤完成后，切换到第二台继续过滤，再打开第一台进行除渣操作，待第二台过滤完成后，切换到第一台继续过滤，再打开第二台进行除渣操作。萃取罐内的液体过滤完成后，用少量的水冲洗罐子和袋式过滤器，以减少原料的浪费。 (3)袋式过滤后的滤液经板框过滤后导入缓冲储液罐。 (4)启动膜过滤器离心泵，进行膜过滤操作。 储液罐到离心泵之间安装有管道过滤器(滤膜规格为100目)，其目的是再次过滤残渣和淀粉，延长滤膜的使用寿命。待膜过滤完成后，滤液进入储液罐
注意事项	(1)袋式过滤器进行除渣操作时，轻轻取出滤袋，清洗时防止碰擦尖锐硬物，以免损坏滤网。 (2)板框过滤机进行除淀粉操作时，轻轻取出滤布和滤板，滤布、滤板分开摆放，滤布清洗完成后需要悬挂晾干，下次再使用，滤布破损不得再次使用。 (3)管道过滤器在每次操作时都要拆卸清洗，注意防止刮坏滤网。 (4)膜过滤器的滤芯，每次操作完成时，需进行反冲洗，过滤效果明显下降时，需更换滤芯

3.4 项目评价

在完成上述过程后，学生在实训教师指导下，对实训过程进行评价。

任务3评价表——职业素质(30分)

专业：_____ 姓名：_____ 学号：_____ 成绩：_____

考核要点	考核标准	赋分	得分
工作态度	按时出勤，不迟到、早退、旷工	2	
	遵守工作纪律，穿工衣上岗，工作中不喧哗、打闹，不串岗	2	
	认真细致，记录数据实事求是	2	
	节水、节电，有环保意识，废物处理妥当	1	
	文明操作，实训前后保持设备及周边环境的整洁、干净	1	
学习能力	能够熟练运用各种资源学习新知识，具备自主学习的能力	2	
	善于思考，在学习中能够发现问题、分析问题	2	
	能够将理论知识应用于实际问题	2	
	知识拓展能力强	1	

续表

考核要点	考核标准	赋分	得分
工作能力	能够对照工作任务要求，按照规范流程完成相应工作	2	
	能够对工作过程全面把控，及时处理突发问题	2	
	在工作中善于反思，总结提高	2	
创新能力	能够提出解决问题的新方法、新思路	2	
	创造性地改良工作方法、工作流程，使工作更加高效	2	
团结意识	服从教师、小组长的安排，积极参与并完成工作任务	2	
	与同学互帮互助，团结协作	2	
	遇到问题不互相推卸责任，协商解决	1	

任务 3 评价表——专业能力(70 分)

日期：

专业：＿＿＿＿＿　　姓名：＿＿＿＿＿　　学号：＿＿＿＿＿　　成绩：＿＿＿＿＿

任务名称	紫薯花青素的三级过滤分离
同组人	

操作规程	赋分	操作得分
1. 开车前检查所有机器设备是否能正常运转，检查各工艺管线是否畅通，开启阀门是否灵活	5	
2. 将不锈钢滤袋装入袋式过滤器，拧紧螺栓，将板框清洗干净夹入滤布，板与框之间紧贴，无颗粒物。启动油泵加压，达到 1.5～2.5 MPa 停油	10	
3. 打开阀门，将滤液泵入袋式过滤器中加压过滤，滤液用泵输送至缓冲储液罐中储存，再定期泵入三级过滤器中过滤	15	
4. 打开阀门，用泵向板框中输入萃取液，将固体残渣挤压分离，待板框中不再有液体流出，停泵，开启板框电动机，减小板框压力为零	15	
5. 清洗各种规格的滤布，确保过滤操作的顺利进行(三级过滤使用 CIP 系统进行在线逆向清洗)	10	
6. 收集淀粉	5	
7. 采用膜过滤方法对萃取液进行分离并记录运行时间	5	
8. 清理废渣(将废渣运到车间外垃圾车中)和场地	5	

续表

分值判定： 1. 不合格（0～59分）； 2. 合格（60～79分）； 3. 优秀（80～100分）	
指导教师签字：	
	年　月　日

3.5　能力拓展

3.5.1　废薯渣的重新利用

我国是世界上最大的马铃薯生产种植国，马铃薯种植面积超过8 500万亩，马铃薯种植面积和总产量均居世界第一，在我国北方大部分地区，马铃薯在深加工过程中会产生大量的马铃薯淀粉渣，通常将鲜薯渣直接作为饲料利用，但新鲜的马铃薯淀粉渣中蛋白质含量低、粗纤维含量高、适口性差，因此，新鲜的马铃薯淀粉渣直接作为饲料的利用率很低，因此，如何利用马铃薯淀粉渣把它变废为宝呢？

1. 准备材料

新鲜马铃薯淀粉渣（含水率为89%）、玉米秸秆（含水率为47%）、青贮剂（由活性乳酸菌、纤维素酶及营养物质等组成）。

2. 制作过程

将玉米秸秆切割成1～2 cm长小段，然后与马铃薯淀粉渣按照1∶3比例混合，最后将稀释好的青贮剂均匀喷洒在混合料上，装袋、压实、密封，保证混合青储料的水分含量为65%～75%。判断水分的方法：用手抓一把青储料，用力挤压，可以挤出水珠，但不掉落，表明水分含量在65%～75%。室温条件（5～20 ℃）下青储料发酵45天，发酵后的青储料呈黄绿色，无任何异味，无霉变变质，无粘手现象，有强烈的酸香味，品质优良。

马铃薯淀粉渣含有丰富的营养，马铃薯淀粉渣与玉米秸秆混合制成青贮剂后发酵产生的乙酸会增加动物的采食量，微生物发酵可改善马铃薯淀粉渣粗纤维结构，产生淡淡的香味，适口性得到了改善，将发酵生产的蛋白质饲料部分替代肉饲料可提高其日增重，且不影响羊肉品质和羊的免疫功能。

3.5.2　无废城市建设

"无废城市"是以新发展理念为引领，通过推动形成绿色发展方式和生活方式，持续推进固体废物源头减量和资源化利用，最大限度地减少填埋量，将固体废物环境影响降至最低的城市发展模式，也是一种先进的城市管理理念。

2019 年，生态环境部在例行发布会上公布了全国 11 个"无废城市"试点城市，包头市是内蒙古自治区唯一位列名单的城市。

包头市作为典型的资源型城市，在工业绿色转型升级、工业固废用于废弃砂坑生态修复、矿山治理与生态旅游深度融合等方面进行积极探索，初步凝练"无废城市"建设的"包头模式"。请查阅相关资料，说明"无废城市"好经验和好做法。

项目4 紫薯花青素的吸附层析纯化

4.1 学习情景描述

经过萃取、过滤分离的紫薯花青素溶液中还含有较多的小分子杂质，采用弱极性的 AB-8 大孔吸附树脂吸附花青素，从而将其与小分子杂质分开，再通过纯化水洗涤、乙醇洗脱，得到纯度较高的花青素溶液。

4.2 学习目标

(1)熟悉层析柱的组装与操作。
(2)会进行大孔吸附树脂的预处理、再生与保存等操作。
(3)会熟练操作层析柱完成产品提纯。

4.3 工作任务书

4.3.1 AB-8 大孔吸附树脂预处理及操作流程

AB-8 大孔吸附树脂预处理及操作流程见表 2-4-1。

表 2-4-1 AB-8 大孔吸附树脂预处理及操作流程

AB-8 大孔吸附树脂预处理任务书	
任务要求	为去除吸附剂中的小分子有机残留物，以及使长期储存的失水树脂孔径恢复，需要在使用前对 AB-8 大孔吸附树脂进行预处理，以达到良好的吸附分离效果
设备 层析柱	层析柱主要由柱体、真空装置、吸附树脂、网板、进料口、出料口组成，配备有视灯、压力表、管道视盅等(图 2-4-1)。 设备参数： 体积：600 L(四台并联) 规格：$\phi300$ mm×2400 mm 填料：AB-8 大孔吸附树脂

续表

	AB-8 大孔吸附树脂预处理任务书
设备 层析柱	 压力表　进料口 视灯　真空接口 备用口 管道视盅 备用口 树脂颗粒 网板 出料口 **图 2-4-1　层析柱结构图**
操作流程	(1)清洗设备及管道，排尽设备内的水。 (2)于吸附柱内加入相当于装填树脂体积40％～50％倍的95％乙醇溶液，然后将新树脂投入柱中。乙醇液面高于树脂约0.3 m处，浸泡24 h。 (3)用95％乙醇溶液，以2 BV(2倍树脂体积)/h(每个层析柱体积为600 L，一共4个柱子)的流速通过树脂层，持续4～5 h，洗至流出液与水(1∶3)混合不呈白色浑浊为止。 (4)改用大量纯水以同样流速洗净乙醇，直至流出液无醇味且水液澄清。 (5)用2 BV的5％的HCl溶液，以4～6 BV/h的流速通过树脂层，并浸泡2～4 h，而后用纯水以同样流速洗至流出水的pH值呈中性。 (6)用2 BV的2％的NaOH溶液，以4～6 BV/h的流速通过树脂层，并浸泡2～4 h，而后用纯水以同样流速洗至流出水的pH值呈中性
注意事项	(1)树脂连续运行不必再进行预处理。 (2)层析柱上下分别设有过滤网，如发现树脂溢出，则需拆卸检查或更换滤网

4.3.2　紫薯花青素吸附层析纯化及操作流程

紫薯花青素吸附层析纯化及操作流程见表 2-4-2。

表 2-4-2　紫薯花青素吸附层析纯化及操作流程

紫薯花青素吸附层析纯化任务书	
任务要求	将经过三级过滤后的紫薯花青素溶液加入 AB-8 大孔树脂吸附层析柱，使其吸附到层析柱上，通过洗涤进一步去除小分子杂质，最后用 80％乙醇洗脱得到花青素纯溶液，以备下一步浓缩操作
设备 层析柱	设备如图 2-4-1 所示。 层析柱主要由柱体、真空装置、吸附树脂、网板、进料口、出料口组成，配备有视灯、压力表、管道视盅等。 设备参数： 体积：600 L（四台并联） 规格：ϕ300 mm×2 400 mm 填料：AB-8 大孔吸附树脂
设备 酒精储罐	酒精储罐结构如图 2-4-2 所示。 设备参数：体积：300 L 酒精泵：三相 AC380 V 功率：1.5 kW 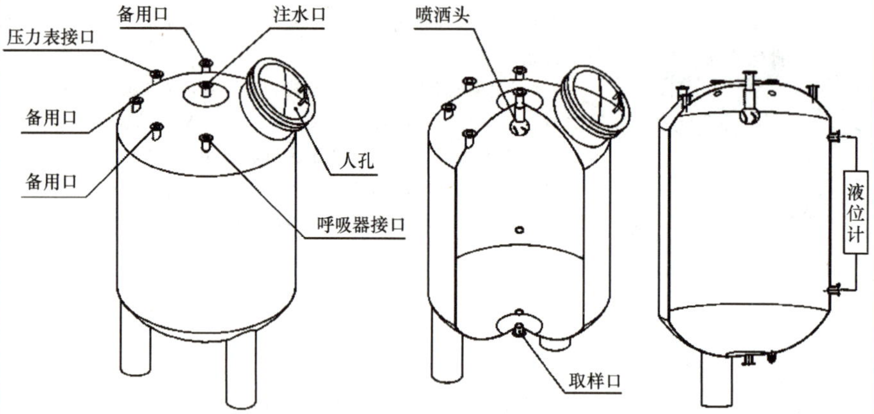 图 2-4-2　酒精储罐结构

续表

紫薯花青素吸附层析纯化任务书	
操作流程	(1)在酒精储罐中配制好80%乙醇溶液。 (2)开启层析进料泵，调节流量为300 L/h，吸附流速控制为1～3 BV/h，缓缓将花青素滤液打入层析柱，可一次性将所有滤液全部打入层析柱，约吸附0.5 h，吸附至漏点为止。化验室负责流出液色价检测并及时反馈给车间。 (3)打开废液阀门，放掉层析柱内残液，也可通过回收泵将残液打入回收罐，用于下次萃取，以减少色素损失。 (4)关闭废液阀门，打开纯水泵，用0.5～1 BV的纯水将黏附在树脂上的杂质洗出，流速2～3 BV/h以提高色素纯度。冲洗完成后，放尽残液，进入解析操作。 (5)开启酒精泵，调节流量为300 L/h，缓缓将75%乙醇打入层析柱，待酒精填充整个柱时，关闭层析进料阀，静置3 h。 (6)连续解吸，酒精用量2～3 BV，流速为0.5～2 BV/h。待树脂内的色素已经全部解析，将滤液放到层析液收集罐，进入下一步浓缩工序

4.3.3　AB-8 大孔吸附树脂再生及操作流程

AB-8 大孔吸附树脂再生及操作流程见表2-4-3。

表 2-4-3　AB-8 大孔吸附树脂再生及操作流程

AB-8 大孔吸附树脂再生任务书	
任务要求	AB-8 大孔树脂每次使用完毕后，需用大量的水冲洗干净，以恢复吸附能力。冲洗干净后，用纯水浸泡，不得干燥闲置。如发现吸附能力下降，需要进行强化再生处理。当树脂吸附能力下降30%时，需要更换树脂
操作流程	(1)再生：用蒸馏水淋洗树脂层至无醇味，然后用4%NaOH溶液以1～2 BV/h的速度淋洗树脂层2～3 h，用蒸馏水洗至中性，即可进行下一周期使用。 (2)强化再生： 1)在柱内加入高于树脂层10 cm的3%～5%的HCl溶液浸泡2～4 h，然后用3～4 BV同浓度的HCl溶液淋洗过柱，最后用纯水洗至接近中性； 2)再用3%～5%的NaOH溶液浸泡2～4 h，然后用3～4 BV同浓度的NaOH溶液淋洗过柱，最后用纯水清洗至pH值为中性，即可再次使用

4.4 项目评价

在完成上述过程后，学生在实训教师指导下，对实训过程进行评价。

视频：吸附和解析

任务 4 评价表——职业素质(30 分)

专业：_____ 姓名：_____ 学号：_____ 成绩：_____

考核要点	考核标准	赋分	得分
工作态度	按时出勤，不迟到、早退、旷工	2	
	遵守工作纪律，穿工衣上岗，工作中不喧哗、打闹，不串岗	2	
	认真细致，记录数据实事求是	2	
	节水、节电，有环保意识，废物处理妥当	1	
	文明操作，实训前后保持设备及周边环境的整洁、干净	1	
学习能力	能够熟练运用各种资源学习新知识，具备自主学习的能力	2	
	善于思考，在学习中能够发现问题、分析问题	2	
	能够将理论知识应用于实际问题	2	
	知识拓展能力强	1	
工作能力	能够对照工作任务要求，按照规范流程完成相应工作	2	
	能够对工作过程全面把控，及时处理突发问题	2	
	在工作中善于反思，总结提高	2	
创新能力	能够提出解决问题的新方法、新思路	2	
	创造性地改良工作方法、工作流程，使工作更加高效	2	
团结意识	服从教师、小组长的安排，积极参与并完成工作任务	2	
	与同学互帮互助，团结协作	2	
	遇到问题不互相推卸责任，协商解决	1	

任务4评价表——专业能力(70分)

日期：

专业：　　　　　　　姓名：　　　　　　　学号：　　　　　　　成绩：　　　　　　

任务名称	吸附层析法分离纯化紫薯花青素		
同组人			
操作规程		**赋分**	**操作得分**
1. 装柱前清洗设备及管道(使用 CIP 系统进行在线清洗)		5	
2. AB-8 大孔吸附树脂预处理操作		10	
3. 吸附操作：将膜过滤得到的滤液加入吸附层析交换柱，记录时间，并观察溢水口液体变化。 (1)开启层析进料泵； (2)调节流量及吸附流速，将滤液打入层析柱； (3)吸附 0.5 h 直至漏点为止； (4)检测流出液色价，及时反馈给车间		15	
4. 使用纯净水清洗吸附层析柱		5	
5. 解析操作：使用 80％酒精进行解吸，记录时间，并观察溢出液体变化。 (1)开启酒精泵，调节流量将酒精打入层析柱； (2)待酒精填充整个柱时，关闭层析进料阀，静置 3 h； (3)连续解吸：酒精用量 2~3 BV，流速为 0.5~2 BV/h		15	
6. 待树脂内的色素已经全部解析，将洗脱液放到层析液收集罐		2	
7. 大孔吸附树脂再生操作 蒸馏水淋洗→碱洗→蒸馏水洗至中性		10	
8. 按步骤关闭电源、水源		3	
9. 整理清洁工具及地面，清除杂物		5	
分值判定： 1. 不合格(0~59 分)； 2. 合格(60~79 分)； 3. 优秀(80~100 分)			
指导教师签字： 　　　　　　　　　　　　　　　　　　　　　　　　　年　月　日			

4.5 能力拓展

年近期颐，奋斗不止

余国琮是我国精馏分离学科创始人，1922 年 11 月出生于广东省广州市，1943 年毕业于西南联合大学化工系，1945 年起先后在美国密歇根大学、匹兹堡大学攻读硕士、博士学位，毕业后在匹兹堡大学任教，1950 年夏天冲破重重阻力，毅然返回祖国，成为首批留美归来学者之一。

他是现代工业精馏技术的先行者、化工分离工程科学的开拓者，长期从事化工分离科学与工程研究。

他提出了较完整的不稳态蒸馏理论和浓缩重水的"两塔法"，解决了重水分离的关键问题，为新中国核技术起步和"两弹一星"突破做出了重要贡献。

他曾说："我们中国人并不笨，我们能自主创新。我不仅仅要去自己争一口气，更要把'争一口气'的精神传承下去，让更多年轻人继续为中国'争一口气'。"请结合所学知识谈谈如何在学习研究中"争一口气"？

项目5　紫薯花青素的真空减压浓缩

5.1　学习情景描述

经过吸附层析分离得到的紫薯花青素纯溶液还含有大量的乙醇和水分，不利于花青素的使用、运输和保存。采用真空减压浓缩法将花青素溶液中的乙醇和部分水分在较低的温度下挥发除去，有利于保持花青素原有的生物活性。

5.2　学习目标

(1)熟悉设备结构及真空减压浓缩的基本原理。
(2)学会真空减压浓缩的操作规程。
(3)学会应用真空减压浓缩进行花青素溶液的浓缩操作。

视频：真空减压浓缩

5.3　工作任务书

紫薯花青素真空减压浓缩见表2-5-1。

表 2-5-1　紫薯花青素真空减压浓缩

紫薯花青素真空减压浓缩任务书	
任务要求	将解析后的纯紫薯花青素溶液泵入真空减压浓缩器，将溶液中的乙醇先挥发除去，再将溶液中过多的水分挥发除去，得到花青素浓缩液
设备 真空减压浓缩器	真空减压浓缩器主要由浓缩器主罐体、真空装置、加热装置、浓缩液收集器组成，配备有视灯、压力表、温度传感器等(图2-5-1)。 设备参数： 体积：100 L 收集罐：5 L

续表

紫薯花青素真空减压浓缩任务书	
设备 真空减压浓缩器	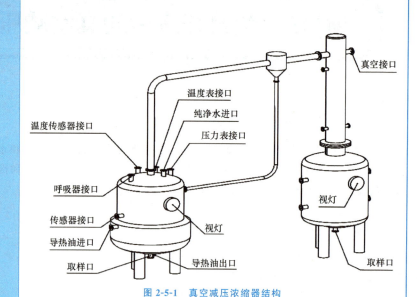 图 2-5-1　真空减压浓缩器结构
操作流程	(1)在公用工程界面开启真空泵，调节真空度约为−0.02 MPa，开启电加热系统，开启冷却循环水泵及冷却塔。 (2)启动浓缩按钮，手动打开浓缩进料阀和热油阀，待花青素解吸液全部抽入浓缩罐后，关闭进料阀和真空泵，系统进入自动运行。 (3)待酒精全部回收完成后，可打开真空泵，加快浓缩速度。 (4)待浓缩液为 2～3 L 时，停止浓缩，待温度下降到常温时，将浓缩液用真空抽到浓缩液收集罐，以备下一工序
注意事项	(1)真空进料后需立即关闭进料阀和真空泵，以减少酒精的损失。 (2)浓缩初期阶段主要为收集酒精，所以尽量采用常压浓缩。 (3)浓缩后期阶段，可全开启真空系统，以加快浓缩速度。 (4)浓缩工序时间长，特别是浓缩后期阶段，需要观察浓缩状态，避免蒸干

5.4　项目评价

任务 5 评价表——职业素质（30 分）

专业：＿＿＿＿＿＿＿　姓名：＿＿＿＿＿＿＿　学号：＿＿＿＿＿＿＿　成绩：＿＿＿＿＿＿＿

考核要点	考核标准	赋分	得分
工作态度	按时出勤，不迟到、早退、旷工	2	
	遵守工作纪律，穿工衣上岗，工作中不喧哗、打闹，不串岗	2	
	认真细致，记录数据实事求是	2	
	节水、节电，有环保意识，废物处理妥当	1	
	文明操作，实训前后保持设备及周边环境的整洁、干净	1	
学习能力	能够熟练运用各种资源学习新知识，具备自主学习的能力	2	
	善于思考，在学习中能够发现问题、分析问题	2	
	能够将理论知识应用于实际问题	2	
	知识拓展能力强	1	
工作能力	能够对照工作任务要求，按照规范流程完成相应工作	2	
	能够对工作过程全面把控，及时处理突发问题	2	
	在工作中善于反思，总结提高	2	
创新能力	能够提出解决问题的新方法、新思路	2	
	创造性地改良工作方法、工作流程，使工作更加高效	2	
团结意识	服从教师、小组长的安排，积极参与并完成工作任务	2	
	与同学互帮互助，团结协作	2	
	遇到问题不互相推卸责任，协商解决	1	

2

任务 5 评价表——专业能力(70 分)

日期：

专业：＿＿＿＿＿＿ 姓名：＿＿＿＿＿＿ 学号：＿＿＿＿＿＿ 成绩：＿＿＿＿＿＿

任务名称	紫薯花青素的真空减压浓缩		
同组人			
操作规程		**赋分**	**操作得分**
1. 浓缩前准备： (1)清洗真空减压浓缩设备、收集器及管道，通入高压蒸汽进行灭菌； (2)检查真空池水是否足够、真空泵是否正常、润滑油是否足够； (3)检查缓冲罐蒸馏水液位，超过 2/3 应将水排掉；检查真空池水温，水温超过 50 ℃，应及时换水		10	
2. 在控制面板设定系统浓缩时间 15 h，关闭进料管、出料管、回收管等管道阀门和所有排空阀，在公用工程界面开启真空泵，调节真空度约−0.02 MPa，开启电加热系统、冷却循环水泵及冷却塔		10	
3. 启动浓缩按钮，手动打开浓缩进料阀和热油阀，待花青素解吸液全部抽入浓缩罐后，关闭进料阀和真空泵，系统进入自动运行		15	
4. 待酒精全部回收完成后，可全开真空泵，加快浓缩速度。根据蒸发室内的真空、温度和料液的情况随时调节蒸汽阀门的大小和开关，真空下降、温度上升，则适当调小蒸汽阀；反之，则适当调大蒸汽阀		10	
5. 待浓缩液为 2～3 L 时，停止浓缩，待温度下降到常温时，将浓缩液用真空抽到浓缩液收集罐，并通过出料口将花青素浓缩液转移到容器中		10	
6. 检查真空泵储罐的乙醇回收情况，并将储罐内的乙醇放出准备二次利用		5	
7. 清洗真空减压浓缩设备、收集器及管道，挂上状态标识牌		5	
8. 整理清洁工具及地面，清除杂物		5	
分值判定： 1. 不合格(0～59 分)； 2. 合格(60～79 分)； 3. 优秀(80～100 分)			
指导教师签字： 年　月　日			

5.5 能力拓展

浓缩技术广泛应用于环境、化学、生物等各领域，查询相关资料谈谈浓缩技术在其他领域的应用，并谈谈提升了自己哪些素养。

项目6 紫薯花青素的真空冷冻干燥

6.1 学习情景描述

紫薯花青素浓缩液经快速冻结后，在真空(低于水的三相点压力)环境下加热可利用升华的原理使花青素快速脱水。这种干燥技术适用于绝大多数生物产品的干燥和浓缩，可以最大限度地保证生物产品的活性。

6.2 学习目标

(1)熟悉真空冷冻干燥的基本原理。
(2)会对不同物料设计冷冻干燥工艺。
(3)会熟练操作真空冷冻干燥机。

6.3 工作任务书

紫薯花青素的真空冷冻干燥见表 2-6-1。

视频：真空冷冻干燥

表 2-6-1　紫薯花青素的真空冷冻干燥

紫薯花青素真空冷冻干燥任务书	
任务要求	将紫薯花青素浓缩液转移至真空冷冻干燥机，控制真空度和温度，得到保持生物活性的花青素干燥粉末
设备 真空冷冻干燥机	真空冷冻干燥机分为冻干腔和冷阱两个独立的腔体，冻干腔中的搁板具有制冷功能，物料放置冻干腔后，物料的预冻、干燥过程无须人工操作(图 2-6-1)  图 2-6-1　真空冷冻干燥机结构

续表

紫薯花青素真空冷冻干燥任务书	
操作流程	（1）开机检查： 1）检查制冷机组管路阀门是否处于运行位置，保持管道系统通畅，关闭干燥仓卸气阀门，检查捕水器内化霜水是否放干，并关闭捕水器卸水阀门； 2）对花青素浓缩液称重后，将其平铺在托料盘中，将托料盘放入干燥仓，将温度探头小心放入托料盘物料表面，关闭干燥仓。 （2）运行过程： 1）开启控制柜总电源、水泵电磁阀、制冷机电磁阀、循环管道泵电磁阀、干燥仓电磁阀； 2）运行冷却水循环系统，连接冷却液管道； 3）开启系统，待花青素浓缩液温度达到−40 ℃，运行 3 h 并记录时间； 4）关闭循环管道泵电磁阀、干燥仓电磁阀，开启捕水器电磁阀； 5）捕水器温度达到−40 ℃，开启真空泵电磁阀； 6）真空度达到 30 Pa，运行 40 min； 7）开启循环管道泵电磁阀，物料温度达 50 ℃时，关闭循环管道泵电磁阀，保温运行 6 h。 （3）结束运行： 1）依次关闭捕水器电磁阀、循环管道泵电磁阀、制冷机电磁阀、水泵电磁阀、真空泵电磁阀和冷却水循环系统； 2）开启干燥仓卸气阀门，开启干燥仓出料，称重； 3）注水管道注入清水，清洗捕水器，从试镜孔观察，将试镜淹没 4/5 左右，浸泡 3～4 h； 4）打开捕水器卸水阀门，将捕水器中化霜水放出； 5）清洗干燥仓

6.4 项目评价

任务6评价表——职业素质(30分)

专业：_____ 姓名：_____ 学号：_____ 成绩：_____

考核要点	考核标准	赋分	得分
工作态度	按时出勤，不迟到、早退、旷工	2	
	遵守工作纪律，穿工衣上岗，工作中不喧哗、打闹，不串岗	2	
	认真细致，记录数据实事求是	2	
	节水、节电，有环保意识，废物处理妥当	1	
	文明操作，实训前后保持设备及周边环境的整洁、干净	1	
学习能力	能够熟练运用各种资源学习新知识，具备自主学习的能力	2	
	善于思考，在学习中能够发现问题、分析问题	2	
	能够将理论知识应用于实际问题	2	
	知识拓展能力强	1	

续表

考核要点	考核标准	赋分	得分
工作能力	能够对照工作任务要求，按照规范流程完成相应工作	2	
	能够对工作过程全面把控，及时处理突发问题	2	
	在工作中善于反思，总结提高	2	
创新能力	能够提出解决问题的新方法、新思路	2	
	创造性地改良工作方法、工作流程，使工作更加高效	2	
团结意识	服从教师、小组长的安排，积极参与并完成工作任务	2	
	与同学互帮互助，团结协作	2	
	遇到问题不互相推卸责任，协商解决	1	

任务 6 评价表——专业能力(70 分)

日期：

专业：_____ 姓名：_____ 学号：_____ 成绩：_____

任务名称	紫薯花青素的真空冷冻干燥
同组人	

操作规程	赋分	操作得分
1. 清洗真空冷冻干燥机、载物盘及真空包装设备	5	
2. 检查制冷机组管路是否通畅，制冷机、干燥仓、捕水器阀门启闭正确	5	
3. 花青素浓缩液正确称重，将其平铺在托料盘中并放入干燥仓，装好温度探头，关闭干燥仓	5	
4. 运行 (1)预冻阶段：开启控制柜总电源，开启水泵、制冷机、循环管道泵及干燥仓电磁阀，运行冷却水循环系统，启动系统，待花青素浓缩液温度达到−40 ℃，运行3 h，关闭循环管道泵电磁阀、干燥仓电磁阀。 (2)升华阶段：开启捕水器电磁阀，待捕水器温度达到−40 ℃，开启真空泵电磁阀至真空度达到 30 Pa，运行 40 min。 (3)解析阶段：开启循环管道泵电磁阀，物料温度达 50 ℃时，关闭循环管道泵电磁阀，保温运行 6 h	20	
5. 结束运行 (1)依次关闭捕水器电磁阀、循环管道泵电磁阀、制冷机电磁阀、水泵电磁阀、真空泵电磁阀和冷却水循环系统。 (2)开启干燥仓卸气阀门，开启干燥仓出料，称重。 (3)注水管道注入清水，清洗捕水器，从试镜孔观察，将试镜淹没 4/5 左右，浸泡 3~4 h。 (4)打开捕水器卸水阀门，将捕水器中化霜水放出。 (5)清洗干燥仓	20	

续表

任务名称	紫薯花青素的真空冷冻干燥	
6. 正确、及时地填写生产记录，并保持机器、地面卫生	10	
7. 整理清洁工具及地面，清除杂物	5	
分值判定： 1. 不合格（0～59分）； 2. 合格（60～79分）； 3. 优秀（80～100分）		
指导教师签字： 年 月 日		

6.5　能力拓展

莫道农家无宝玉，遍地黄花是金针

　　地处雁门关外的大同市云州区，气候严寒，无霜期短，十年九旱，土地极为贫瘠，可就在这样贫瘠的土地却有着悠久的黄花种植历史。黄花价格高，但也有缺点：花的成熟周期长达 3 年；采摘困难，采摘黄花摘的是花蕾，不能见阳光，一见阳光就绽放了，必须起早或摸黑采摘，而且采摘期长，达 1 个多月，晾晒需要大量土地。云州区转变工作思路，引入先进的企业，利用先进的真空冷冻干燥保鲜技术进行黄花深加工，改变传统晾晒，实现全营养、原生态、高安全，大大提升附加值。项目建成投产后年加工鲜黄花可达 3 240 t，冻干黄花 405 t。

　　有大学生毕业后回到云州，帮助管理黄花产业，还通过互联网为家乡销售黄花，大大提高了当地人的收入。小黄花在这里已成了大产业，成为乡亲们的"致富宝"。真是"莫道农家无宝玉，遍地黄花是金针"。目前国家正在实施乡村振兴战略，请通过所学知识谈谈如何助力乡村振兴。

附 录

附录1　公用工程系统使用说明

1. 纯化水系统

饮用水→缓冲罐→原水泵→5 μmPP 过滤器→一级高压泵→一级纯化水储罐→二级高压泵→纯化水储罐→纯水泵→使用点。

本设备属于二级 RO 反渗透装置，符合医药卫生标准，产水量为 100 L/h，全自动运行。

注意事项如下：

(1)5 μmPP 过滤器的滤芯为 PP 棉，使用一定时间后需要更换，可通过滤前滤后压差确认。

(2)一级反渗透膜前膜后分别安装压力调节阀门，请勿随意变动，需要配合流量调节，如调节产水量为 240 L/h。

(3)二级反渗透膜前膜后分别安装压力调节阀门，请勿随意变动，需要配合流量调节，如调节产水量为 100 L/h。

(4)产水量明显下降时需更换滤膜，可通过滤前滤后压差确认。

2. 纯蒸气系统

纯化水→纯蒸气→使用点。

本设备属于纯化水高温加热，产生高纯度的纯蒸气，符合医药卫生标准，产汽量为 50 kg/h，全自动运行。

注意事项如下：

(1)需手动开启纯水泵。

(2)灭菌操作时纯化水管路进出的阀门需要关闭，各用汽点需要排尽纯化水。

(3)纯蒸气与纯化水管路连接的调节阀门开启不要过大，控制纯蒸气压力在 0.1 MPa。

3. 真空系统

真空泵→循环水箱→水力喷射器→缓冲罐→使用点。

本设备利用水的运动产生负压，安装有止回阀，以达到抽真空的目的。首先将循环水箱注满饮用水，开启真空泵，调节排空阀，观察真空表的数值是否达到要求。

注意事项如下：

(1)循环水温度过高，应停止抽真空，排尽热水，再注满新鲜水。

(2)循环水箱不定期更换新鲜水。

(3)严禁长时间无负荷运行。

(4)两台缓冲罐应不定期排尽残留水。

4. 电加热系统

电加热罐→电加热器→热油泵→使用点。

本设备利用电加热器加热导热油，温度可自由设定（最大150 ℃，以安全保护），再将高温导热油输送到各需要加热的设备，进行热交换后，再回流到热油罐。

注意事项如下：

(1)严禁长时间无回流运行热油泵。

(2)热油泵一定要有冷却循环水，否则极易损坏密封件。

(3)电加热管尽量自动加热，手动加热时需时刻观察温度变化，防止燃烧导热油，引起事故。

(4)加热效率明显下降时，可能加热管已损坏，需要更换。

(5)导热油长时间使用会结焦，注意更换。

5. CIP 在线清洗系统

CIP 回流泵→CIP 罐→CIP 输出泵→待清洗设备。

本设备采用移动式设计，操作方便。首先配制好一定浓度的清洗液，连接好清洗设备，设定清洗时间，清洗结束后，放尽管道和设备的残液，再用饮用水冲洗干净。

注意事项如下：

(1)操作时戴好手套、眼镜、口罩等防腐措施，如有需要，可穿防护服装。

(2)管路未连接良好时，严禁启动设备。

(3)每次操作完成后，清洗干净设备，放到指定位置。

附录 2　设备安装及维护保养

　　本系统设备为成套工艺设备，保护设备种类及数量较多，安装时设备与设备之间预留足够的检修空间。

　　管道应铺设支架等设施，高空与地面的管道应美观大方、运行流畅。水、电等设施应做到安全，操作方便。

1. 主体设备维护

　　每次操作完成后及时对主体设备进行清洗并保证各管路畅通，保持设备外表面干净、整洁。长时间不运行时，应做一次彻底的纯蒸汽灭菌操作（附表 2-1）。

附表 2-1　主体设备维护记录

维护时间		上次运行时间	
维护人			
设备名称	维护内容（除杂、清洗、复位）		
粉碎机			
萃取罐			
袋式过滤器			
板框压滤机			
膜过滤器			
缓冲罐			
小型过滤器			
缓冲罐			
层析柱			
真空浓缩器			

2. 电动机维护

　　定期检查电动机接线柱等是否损坏，平时工作中是否发烫、是否出现异响，如有及时排除。

3. 水泵维护

　　定期检查水泵接线柱等是否损坏，平时工作中是否发烫、是否出现异响，如有及时排除。定期检查密封件是否有不正常泄漏，如发现应及时更换。

4. 阀门维护

定期检查是否有不正常泄漏，开启和关闭是否吃力，如发现应及时更换。

5. 管道及连接件维护

定期检查管道是否泄漏，发现问题及时焊接修补。检查卡箍、垫片等松动漏水等情况，如发现应及时更换。

6. 电控柜维护

定期检查主电源的接头是否松动、空气开关是否烧焦等，如有发现及时更换。电控柜的灰尘要经常打扫。

各元器件出现故障时及时更换。做好防鼠措施，避免咬断电线，给维修工作带来极大麻烦。触摸屏要避免硬物刮损。

附录3 提取纯化工艺在线检测(一)
——残留淀粉快速测定方法

(1)取样品 2 g 于试管中,加水 10 mL,做重复试验三组。

(2)加热至沸后冷却。

(3)加 0.1 mol/L 碘液 2 滴,观察颜色变化。

(4)同时做对比试验。

(5)判别:如有蓝色、蓝紫色或红色出现,疑为残留淀粉物质。

附:50 mL 0.1 mol/L 碘液配制方法:(碘的相对分子质量为 126.9)称取 0.635 g 碘溶于50 mL 水中,于棕色滴瓶中保存。

附录4　提取纯化工艺在线检测(二)
——花青素色价测定方法

1. 提取液配制

根据色素溶解特性，选择 1.5 mol/L 的盐酸与 95％乙醇 3∶17(V/V) 混合配制盐酸－乙醇溶液作为提取剂。

2. 色价测定方法

参照国家色素测定的标准，精确称量样品 50 mL 的提取液用盐酸－乙醇溶液定容至 100 mL，摇匀。移出 1 mL 色素液定容到 25 mL，以提取液为空白，在最大吸收波长处测定其吸光度值。

根据下列公式计算色价：

$$E_{1\,cm}^{1\%}\mathrm{XXXnm} = \frac{A}{m} \times f \times \frac{1}{100}$$

式中，E——天然食用色素的色价，其通过 1％浓度的溶液、透过 1 cm 比色皿测得；XXXnm 为该色素溶解在合适溶剂中的最大吸收波长，通过光谱图获得(nm)，花青素类的物质都是在可见光内测定的，一般波长为 530 nm 左右；A 为吸光度值，用 pH 值为 3 的缓冲溶液，一般稀释至吸光度值为 0.3～0.7 范围内；m 为样品质量；f 为稀释倍数。

附录5　提取纯化工艺在线操作规程(三)
——提取工艺流程图

提取纯化工艺在线操作规程(三)——提取工艺流程图如附图 5-1 所示。

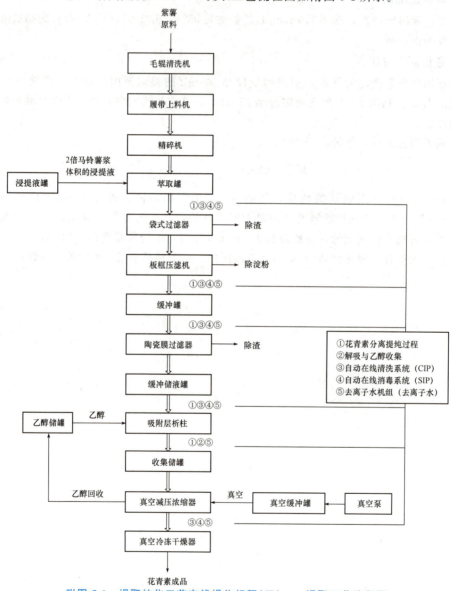

附图 5-1　提取纯化工艺在线操作规程(三)——提取工艺流程图

附录6 马铃薯加工(淀粉工业)废水排放国家标准

1. 控制指标

表征淀粉工业废水的参数有 pH 值、SS、COD_{Cr}、BOD_5、氨氮和总磷。因此,本标准设立的废水指标有 pH 值、COD_{Cr}、BOD_5、SS、氨氮、总磷和氰化物(限木薯),共计 7 项指标。

2. 吨淀粉水污染物排放量计算方法

淀粉工业吨淀粉水污染物排放量按下式计算:

$$M = C \times W \times 10^{-3}$$

式中,M 为吨淀粉水污染物排放量(kg/t);C 为水污染物月平均浓度(mg/L);W 为月平均吨淀粉排水量(m^3/t 淀粉)。

3. 监测

废水采样点设在企业废水总排放口,在总排放口必须设置排放口标志、废水水量计量装置和连续自动监测 pH 值、COD_{Cr}、总磷、氨氮水质指标的装置。

在生产周期内每间隔 4 h 采一次样,每日采样次数不少于 3 次。监督监测吨淀粉水污染物排放量标准值按月均值计算,即正常连续生产时的月平均废水浓度×吨淀粉月平均用水量,水污染物月平均浓度根据连续不少于 4 日的日监测浓度进行计算。

监测分析方法按附表 6-1 执行。

附表 6-1 水污染物监测分析方法

序号	控制项目	测定方法	测定下限/(mg·L⁻¹)
1	pH 值	玻璃电极法	0.1
2	化学需氧量(COD_{Cr})	重铬酸钾法	5
3	生化需氧量(BOD_5)	稀释接种法	2
4	悬浮物(SS)	重量法	4
5	氨氮	纳氏试剂比色法	1.0
6	总磷(以 P 计)	钼酸铵分光光度法	0.01
7	总氰化物(限木薯)	硝酸银滴定法	0.25

4. 检测标准值

(1)pH 值。淀粉生产废水中 pH 值一般为 3～7,采用一定量碳酸氢钠或石灰水调节即可达到要求,排放最高限值取值 pH 为 6～9。

(2)化学需氧量(COD_{Cr})。COD_{Cr}预处理最高排放限值确定为 1 000 mg/L。在淀粉生产

过程生产废水中 COD_{Cr} 浓度一般不超过 10 000 mg/L，采用高效厌氧＋好氧技术处理，污水 COD_{Cr} 浓度达到 120 mg/L。

常用的厌氧方法有 UASB 法、EGSB 法等；好氧方法有 SBR、接触氧化等。

(3)生化需氧量(BOD_5)。BOD_5 值确定为 50 mg/L。采用高效厌氧＋好氧生物处理可有效降低 BOD_5。

(4)悬浮物(SS)。淀粉生产废水中 SS 浓度一般为 400～2 000 mg/L，经过资源综合利用的企业，废水中的 SS 有所降低，不超过 2 000 mg/L。

(5)氨氮。淀粉生产的特征是刚排出的废水中氨氮的浓度并不高，但随着废水中蛋白质的氨化，废水氨氮浓度迅速升高。氨氮污染物的排放量为 40 mg/L。

(6)总磷(以 P 计)。总磷的排放量低于 5 mg/L。

5. 生产食品级淀粉马铃薯标准(GB/T 8884—2017)

食品级马铃薯淀粉的具体要求见附表 6-2。

附表 6-2　食用马铃薯淀粉理化要求

项目	指标		
	优级品	一级品	二级品
水分/%	≤20.00		
灰分(干基)/%　　≤	0.30	0.40	0.50
蛋白质(干基)/%　　≤	0.10	0.5	0.20
黏度(4%干物质，700 cmg)/BU　　≥	1 300	1 100	900
斑点/(个·cm^{-2})　　≤	3.0	5.0	9.0
细度[150 μm(100 目)筛通过率(质量分数)]/%　　≥	99.90	99.50	99.00
白度(457 nm 蓝光反射率)/%　　≥	92.0	90.0	88.0
电导率/(μS·cm^{-1})　　≤	100	150	200
pH 值	6.0～8.0		

除此之外，加工用薯符合以下条件：
(1)马铃薯应在收获后一个月内加工；
(2)马铃薯不可受冻；
(3)马铃薯无发芽；
(4)1 kg 马铃薯的个数最多 15 个；
(5)1 kg 马铃薯的坏损量不超过 4%；
(6)未净化马铃薯泥沙和其他杂质含量小于 5%。

参考文献

[1]田瑞华. 生物分离工程[M]. 北京：科学出版社，2008.

[2]严希康. 生化分离工程[M]. 北京：化学工业出版社，2001.

[3]谭天伟. 生物分离技术[M]. 北京：化学工业出版社，2010.

[4]王海峰，张俊霞. 生物分离与纯化技术[M]. 北京：中国轻工业出版社，2021.

[5]欧阳平凯，胡永红，姚忠. 生物分离原理及技术[M]. 3版. 北京：化学工业出版社，2019.

[6]孙彦. 生物分离工程[M]. 3版. 北京：化学工业出版社，2013.

[7]宋金耀. 生化分离技术[M]. 北京：教育科学出版社，2014.

[8]俞俊棠，唐孝宣. 生物工艺学[M]. 上海：华东理工大学出版社，1992.

[9]Aizza L C B, Dornelas M C. A genomic approach to study anthocyanin synthesis and flower pigmentation in passion flowers[J]. Journal of nucleic acids，2011：1-17.

[10]Hou F Y, Wang Q M, Li A X. Study progress on anthocyanidin synthase of plants[J]. Chinese Agricultural Science Bulletin，2009，25(21)：188-190.

[11]Valko M, Leibfritz D, Moncol J, et al. Free radicals and antioxidants in normal physiological functions and human disease[J]. The international journal of biochemistry & cell biology，2007，39(1)：44—84.

[12]Ramirez-Tortosa C，Andersen Ø M，Gardner P T，et al. Anthocyanin-rich extract decreases indices of lipid peroxidation and DNA damage in vitamin E-depleted rats[J]. Free Radical Biology and Medicine，2001，31(9)：1033-1037.

[13]Ames B N，Gold L S. Endogenous mutagens and the causes of aging and cancer[J]. Mutation Research/Fundamental and Molecular Mechanisms of Mutagenesis，1991，250(1)：3-16.

[14]Tamura T，Inoue N，Ozawa M，et al. Peanut-skin polyphenols, procyanidin A1 and epicatechin-(4β→6)-epicatechin-(2β→O→7，4β→8)-catechin, exert cholesterol micelle-degrading activity in vitro[J]. Bioscience, biotechnology, and biochemistry，2013，77(6)：1306-1309.

[15]Folts J D. Antithrombotic potential of grape juice and red wine for preventing heart attacks

［J］. Pharm. Biol，1998(36)：21-27.

［16］Han K H，Sekikawa M，Shimada K，et al. Anthocyanin-rich purple potato flake extract has antioxidant capacity and improves antioxidant potential in rats［J］. British Journal of Nutrition，2006，96(06)：1125-1134.

［17］Han K H，Shimada K，Sekikawa M，et al. Anthocyanin-rich red potato flakes affect serum lipid peroxidation and hepatic SOD mRNA level in rats［J］. Bioscience，biotechnology，and biochemistry，2007，71(5)：1356-1359.